装修全方位之图解全攻略系列

全彩图解
店装公装水电全攻略

阳鸿钧　等编著

机械工业出版社

本书主要从工作现场、贴近实战的角度，讲述了店装、公装水电必须掌握的基础知识、材料大观、识图看图、水暖技能、电工技能，以及专项照明灯具技能，从而为读者胜任店装、公装水电工作提供有力支持。本书适合店装水电工、公装水电工、建筑水电工、装饰水电工、物业水电工、家装水电工以及其他电工、社会青年、业主、进城务工人员、设计师、建设单位相关人员、相关院校师生、培训学校师生、装修工程有关人员、灵活就业人员、新农村装修建设人员等参考阅读。

图书在版编目（CIP）数据

全彩图解店装公装水电全攻略 / 阳鸿钧等编著 . —北京：机械工业出版社，2017.10

（装修全方位之图解全攻略系列）

ISBN 978-7-111-58365-3

Ⅰ.①全… Ⅱ.①阳… Ⅲ.①房屋建筑设备 – 给排水系统 – 建筑安装 – 图解②房屋建筑设备 – 电气设备 – 建筑安装 – 图解 Ⅳ.① TU821-64 ② TU85-64

中国版本图书馆 CIP 数据核字（2017）第 263580 号

机械工业出版社（北京市百万庄大街 22 号 邮政编码 100037）
策划编辑：张俊红 责任编辑：林 桢
责任校对：刘秀芝 封面设计：马精明
责任印制：常天培
北京联兴盛业印刷股份有限公司印刷
2018 年 1 月第 1 版第 1 次印刷
145mm×210mm · 7 印张 · 279 千字
标准书号：ISBN 978-7-111-58365-3
定价：39.00 元

凡购本书，如有缺页、倒页、脱页，由本社发行部调换
电话服务 网络服务
服务咨询热线：010-88361066 机工官网：www.cmpbook.com
读者购书热线：010-68326294 机工官博：weibo.com/cmp1952
010-88379203 金书网：www.golden-book.com
封面无防伪标均为盗版 教育服务网：www.cmpedu.com

前言
Preface

为了能够快速学习并掌握店装、公装水电技能，以培养进入实际现场能够独当一面或者多面的全能水电工，特编写本书。本书共6章组成，分别对基础知识、材料大观、识图看图、水暖技能、电工技能、照明灯具技能等进行了介绍，希望使读者能够轻松、简单、快速地学会店装、公装水电实战技能有关知识、技法、经验、细节，从而做到助推就职、谋生添翼，并学到实战中的真技能。

其中，第1章主要介绍了直流电与交流电、电功率的计算、三相电的特点、公共卫生间的特点、宾馆客房卫生间的特点、卫生间隔断的特点等知识。第2章主要介绍了RVVB扁平电源线、电缆的计算、店装、公装电线的选择、门店断路器与其电线的计算与选择、电表的概述、三相四线电表的选择等知识。第3章主要介绍了平面图、电能表与其符号、开关与其符号、插座与其符号、管道类别符号、管件符号等知识。第4章主要介绍了PPR的熔接、金属管道立管管卡安装要求、卫生器具的安装高度要求、坡度要求、保温型不锈钢水塔、水槽的安装、洗涮池的安装、污水池的安装等知识。第5章主要介绍了强电技能施工工艺、配电箱大小的计算选择、预制PVC管弯、开关连线的特点、塑料导管与箱盒连接等知识。第6章主要介绍了照明方式与照明种类、灯具的种类、夜景灯的光源与场所选择应用、舞台照明方式与灯具要求、加油站灯具的安装、黑板灯的安装、水下照明灯的安装、室外路灯的安装、室外庭院灯的安装、室外草坪灯的安装、电动升降灯的安装等知识。

本书的特点如下：1）以实用为导向，不再脱离实际的情况盲学，具有学即用、用即学的特点。2）图文并茂，使学手艺、学技术变得一学就会，一看就懂。

本书由阳许倩、阳鸿钧、许小菊、阳育杰、阳红珍、欧凤祥、阳苟妹、唐忠良、任亚俊、阳红艳、任志、欧小宝、阳梅开、任俊杰、唐许静、许满菊、单冬梅、许应菊、许四一、罗小伍等人员编写或给予了相关支持。

本书编写过程中，还得到了其他同志的支持，在此表示感谢。同时本书涉及一些厂家的产品，并且参考了其产品相关资料，在此也同样表示感谢。另外，本书在编写中参考了其他相关技术资料，因原始出处不详，故未在参考文献中一一列出，在此说明且向他们表示感谢。

本书适合店装水电工、公装水电工、建筑水电工、装饰水电工、物业水电工、家装水电工以及其他电工、社会青年、业主、进城务工人员、设计师、建设单位相关人员、相关院校师生、培训学校师生、装修工程有关人员、灵活就业人员、新农村装修建设人员等参考阅读。

由于时间有限，书中不足之处，敬请批评、指正。

编　者

目　录
Contents

第3章　识图看图不求人　　63

第4章　水暖技能教你懂　　75

第 5 章　电工技能教你会　134

第 1 章

基础知识你要懂

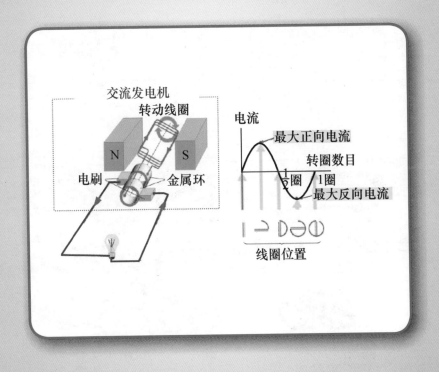

1.1　直流电与交流电

直流电是指方向一定不随时间变化的电流，手电筒、汽车上使用的电池都是直流电。

交流电是指方向和大小随时间做周期性变化的电流。我们常见的电灯、电动机等用的电都是交流电。

直流电与交流电的比较如图1-1所示。

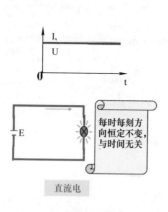

直流电

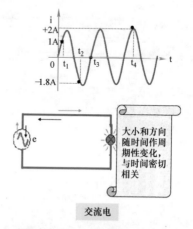

交流电

注意
- 交流电可以通过整流变成直流电
- 直流电也可以通过振荡电路变成交流电
- 直流简记为DC
- 交流简记为AC
- 交流直流仅仅是指电流的方向，与大小无关
- 直流电也可能是电流方向不变，但是大小一直在变的电流
- 直流电用符号"⎓"表示
- 交流电用符号"∼"表示

干电池提供的是直流电

墙上的插座提供的是交流电

图 1-1　直流电与交流电的比较

1.2　常见电工计算公式

直流电路功率（P）、电压（U）、电流（I）、电阻（R）的关系如图1-2所示。

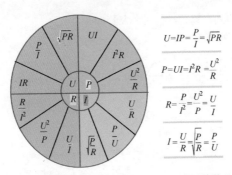

图 1-2　直流电路功率、电压、电流、电阻的关系

$$U=IP=\frac{P}{I}=\sqrt{PR}$$

$$P=UI=I^2R=\frac{U^2}{R}$$

$$R=\frac{P}{I^2}=\frac{U^2}{P}=\frac{U}{I}$$

$$I=\frac{U}{R}=\sqrt{\frac{P}{R}}=\frac{P}{U}$$

1.3　正弦交流电

　　店装、公装中，往往涉及交流电——市电、动力电的安装。正弦交流电产生原理与过程如图 1-3 所示。

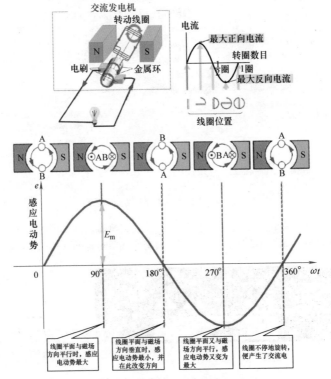

图 1-3　正弦交流电产生原理与过程

正弦交流电有关参数与公式如图 1-4 所示。

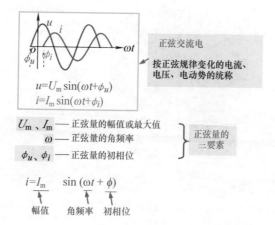

$$u=U_m \sin(\omega t+\phi_u)$$
$$i=I_m \sin(\omega t+\phi_i)$$

正弦交流电
按正弦规律变化的电流、电压、电动势的统称

U_m、I_m —— 正弦量的幅值或最大值
ω —— 正弦量的角频率
ϕ_u、ϕ_i —— 正弦量的初相位

} 正弦量的三要素

$$i=I_m \quad \sin(\omega t+\phi)$$
幅值　　角频率　　初相位

瞬时值 i、u、u —— 正弦量任意瞬间的值，用小写字母表示。

最大值 I_m、U_m、E_m —— 最大的瞬时值，即幅值。用大写字母加下标m表示。
瞬时值，最大值只能反映正弦量某一瞬间的大小。

有效值 I、U、E —— 有效值用大写字母表示。
反映正弦量在一个周期内的效果要用有效值。

有效值 $= \dfrac{1}{\sqrt{2}} \times$ 最大值 $\approx 0.707 \times$ 最大值

$$I = \frac{I_m}{\sqrt{2}}$$ 　　$$U = \frac{U_m}{\sqrt{2}}$$ 　　最大值 $$E = \frac{E_m}{\sqrt{2}}$$ 有效值

$U=220V$, 　　$U_m=220\sqrt{2}=311V$
$U=380V$, 　　$U_m=380\sqrt{2}=537V$

图 1-4 　正弦交流电有关参数与公式

电器上标注的交流电压、电流一般是有效值，如图 1-5 所示。交流电压表、电流表测量出的一般为有效值。交流电器的耐压一般需要考虑最大值。

液晶电视机的铭牌上标的额定电压220V是有效值

图 1-5 　电器上标注的电压一般是有效值

我国市电照明用电的电压为220V，最大值为311V，频率 f 为50Hz，周期 T 为0.02s，角频率 ω 为314rad/s。

装修中，常说的交流电压220V、380V，指的是交流电压的有效值。

1.4 电功率的计算

（1）适用于任何情况的电功率的计算公式：电功率 = 电压乘以电流，即 $P=UI$。

（2）纯电阻电路的电功率计算公式：电功率 = 电流的平方乘以电阻。电功率 = 电压的平方除以电阻。

（3）电动机等非纯电阻电路电功率的计算公式，只能用：电功率 = 电压乘以电流。

（4）利用三相有功电能表、电流互感器计算有功功率，计算公式如下：

$$P = \frac{3600 \cdot N}{Kt} \cdot CT_{比} \ (\text{kW})$$

式中　N —— 表示测量的电能表圆盘转数。

　　　K —— 表示电能表常数（即每kW·h转数）。

　　　t —— 表示测量 N 转时所需的时间。

　　　$CT_{比}$ —— 表示电流互感器的变交流比。

（5）在三相负荷基本平衡、稳定的情况下，可以利用电压表、电流表的指示数来计算视在功率，计算公式如下：

$$S=\sqrt{3}UI/1000 \ (\text{kV} \cdot \text{A})$$

式中　U —— 表示电压。

　　　I —— 表示电流。

（6）无功功率的计算，可以通过有功功率和视在功率来计算，计算公式如下：

$$Q=\sqrt{S^2-P^2} \ (\text{kvar})$$

式中　Q —— 表示无功功率。

　　　S —— 表示视在功率。

　　　P —— 表示有功功率。

（7）功率因数的计算，可以通过有功功率和视在功率来计算，计算公式如下：

$$\cos\varphi=\frac{P}{S}$$

式中　S —— 表示视在功率。

　　　P —— 表示有功功率。

耗电量 = 功率 × 用电时间，即耗电量 = PT。耗电量的单位是度，1度电是指1000瓦的功率使用1小时所消耗的用电量，即1千瓦·小时（kW·h）= 度。

1.5 三相电的特点

三相交流电源，是由三个频率相同、振幅相等、相位依次互差120°的交流电势组成的电源。

三相交流电源，相与相间的电压称为线电压，任两相间的电压都是380V。相与中性点间的电压称为相电压，任一相对中性点的电压都是220V。

低压配电网中，输电线路以往采用三相四线制，其中三条线路分别代表A、B、C三相，另一条是中性线N。三相电的颜色，一般A相为黄色，B相为绿色，C相为红色。另外，还有其他叫法，例如A、B、C或L1、L2、L3等。

低压架空三相四线制引入线如图1-6所示。

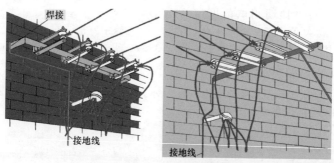

图 1-6 低压架空三相四线制引入线

三相五线制是指 A、B、C、N、PE 线，其中，PE 线为保护地线，也叫作安全线。PE 线是专门用于接到诸如设备外壳等保证用电安全之用的。

如果 A、B、C 之间任意 2 根接触，会发生"相间短路"（380V 短路）。如果 A、B、C 中任 1 根与中性线 N 接触，会发生"相 - 零短路"（220V 短路）。

家居生活用电，一般使用两线单相电（一线为相线，另一线为零线），也称为照明电。当采用照明电供电时，使用三相电其中的一相对用电设备供电，另外一根线是三相四线中的第四根线，也就是零线。该零线是从三相电供电变压器的中性点引出的。一些小型商店、小型公共场所的用电，也采用两线 220V 供电。

我国低压供电线路的三相电线电压为 380V，一些中、大型商店、公共场所的动力设备需要采用三相 380V 电源供电。

1.6 三相电负载的接法

三相电负载的接法分为三角形接法和星形接法。星形接法的负载引线为三条相线、一条零线，三条相线中任意两条相线之间的电压为 380V，任一相线对零线的电压为 220V。

三角形接法的负载引线为三条相线，三条相线中任意两条相线之间的电压为 220V。

1.7 公共卫生间的特点

公共卫生间的特点图例如图 1-7 所示。

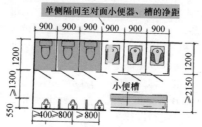

图 1-7 公共卫生间的特点图例（单位：mm）

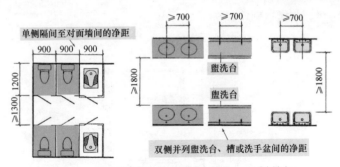

图 1-7 公共卫生间的特点图例（单位：mm）（续）

1.8 宾馆客房卫生间的特点

宾馆客房卫生间的特点图例如图 1-8 所示。

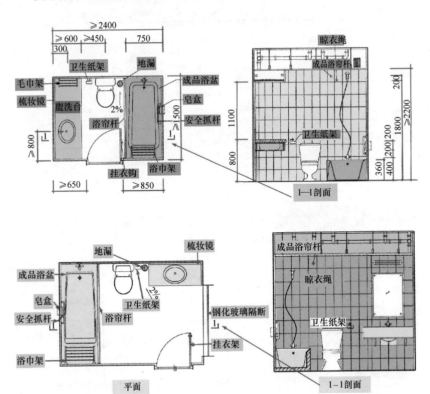

图 1-8 宾馆客房卫生间的特点图例（单位：mm）

1.9 卫生间隔断的特点

卫生间隔断的特点图例如图 1-9 所示。

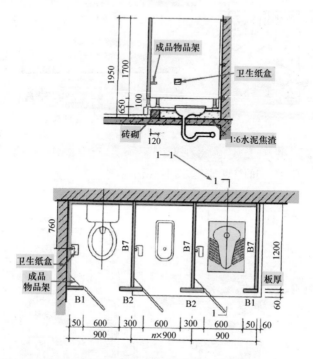

图 1-9 卫生间隔断的特点图例（单位：mm）

1.10 宿舍卫生间的特点

宿舍卫生间的特点图例如图 1-10 所示。

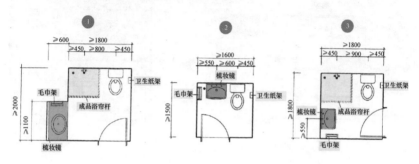

图 1-10 宿舍卫生间的特点图例（单位：mm）

1.11 家居卫生间、浴室的特点

家居卫生间、浴室的特点图例如图 1-11 所示。

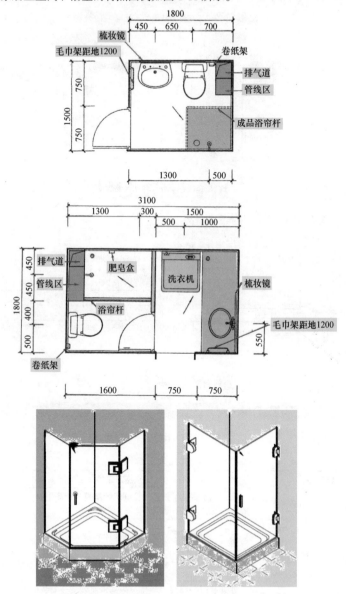

图 1-11　家居卫生间、浴室的特点图例（单位：mm）

1.12 常见楼梯的特点

常见楼梯的特点图例如图 1-12 所示。

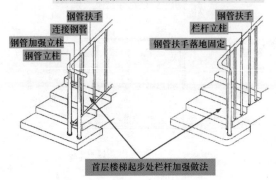

一般楼梯踏步设计参考尺寸						(单位：mm)
楼梯类别	住宅	幼儿园、小学校	电影院、剧场、体育馆、商场、医院和大中学校	其他建筑	专用疏散	服务楼梯、住宅套内
最大高度	≤175	≤150	≤160	≤170	≤180	≤200
最小宽度	≥260	≥260	≥280	≥260	≥250	≥220

无中柱螺旋楼梯和弧形楼梯离内侧扶手中心0.25m处的踏步宽度不应小于0.22m

图 1-12　常见楼梯的特点图例（单位：mm）

1.13 常见施工工序

常见施工工序见表 1-1。

表 1-1　常见施工工序

施工工艺	施工工序
壁纸/壁布铺贴施工工艺	满刮腻子→腻子打磨→涂刷墙纸基膜→计算用料→裁剪壁纸/壁布→刷胶→铺贴壁纸/壁布→修整
成品木门套、门扇安装工艺	试装→安装固定→修缮→成品保护
厨房、卫生间门槛石安装工艺	地面清理→水泥湿浆结合层→铺贴门槛石→养护→晶面处理
地面抛光砖铺贴施工工艺	处理基层→弹线→预排→摊铺水泥砂浆→安装标准块→铺贴地面砖→勾缝→清洁→养护

（续）

施工工艺	施工工序
地面石材铺贴施工工艺	地面清理→试拼→水泥浆结合层→铺贴石材→养护→晶面处理。节点大样如下： 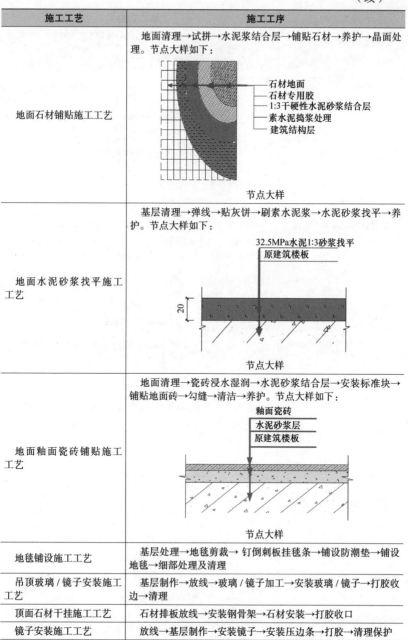 石材地面 石材专用胶 1:3干硬性水泥砂浆结合层 素水泥捣浆处理 建筑结构层 节点大样
地面水泥砂浆找平施工工艺	基层清理→弹线→贴灰饼→刷素水泥浆→水泥砂浆找平→养护。节点大样如下： 32.5MPa水泥1:3砂浆找平 原建筑楼板 20 节点大样
地面釉面瓷砖铺贴施工工艺	地面清理→瓷砖浸水湿润→水泥砂浆结合层→安装标准块→铺贴地面砖→勾缝→清洁→养护。节点大样如下： 釉面瓷砖 水泥砂浆层 原建筑楼板 节点大样
地毯铺设施工工艺	基层处理→地毯剪裁→钉倒刺板挂毯条→铺设防潮垫→铺设地毯→细部处理及清理
吊顶玻璃/镜子安装施工工艺	基层制作→放线→玻璃/镜子加工→安装玻璃/镜子→打胶收边→清理
顶面石材干挂施工工艺	石材排板放线→安装钢骨架→石材安装→打胶收口
镜子安装施工工艺	放线→基层制作→安装镜子→安装压边条→打胶→清理保护

（续）

施工工艺	施工工序
墙面瓷砖铺贴施工工艺	处理基层→弹线→瓷砖浸水湿润→摊铺水泥砂浆→安装标准块→铺贴地面砖→勾缝→清洁→养护
墙面马赛克铺贴施工工艺	基层处理→弹控制线→铺贴马赛克→揭纸、调缝→擦缝→清理。节点大样如下： 细石混凝土找平 马赛克 素水泥捣浆处理 原建筑墙体 专用黏结剂 节点大样
墙面石材干挂施工工艺	石材排板放线→安装钢骨架→石材安装→打胶收口
乳胶漆施工工艺	清理检查→钉眼防锈漆处理→补缝、贴纸带→满刮两遍腻子→打磨→涂刷底漆→磨光、修补→涂刷面漆→检查。节点大样如下： 石膏板 刮两遍腻子 涂两遍底漆 节点大样
实木地板铺设施工工艺	安装地龙骨→撒防蛀粉→安装防潮多层板→铺贴防潮膜→铺实木地板。节点大样如下： 木地板 地板防潮膜 细石混凝土找平层 节点大样
卫生间镀锌方管隔墙施工工艺	隔墙放线定位→焊接钢架→焊口防锈处理→捣制混凝土地梁→封硅酸钙板→挂网→水泥砂浆批荡→涂刷防水涂料→铺贴石材

第 2 章

材料大观要知道

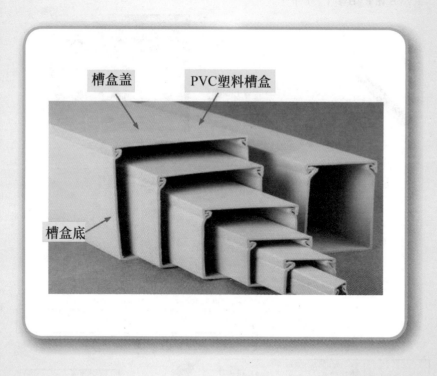

槽盒盖 PVC塑料槽盒

槽盒底

2.1 RVVB 扁平电源线

RVVB 适用于家用电器、照明、安防监控连接线等，具有聚氯乙烯护套、聚氯乙烯绝缘、额定电压 U_o/U 为 227IEC52 300/300V 227IEC53 300/500V、长期允许工作温度应不超过 70℃等特点。

RVVB 与有关电线的区别如下：

（1）RVB 为扁形无护套软线，RVVB 为扁形护套软线，也就是RVVB 比 RVB 多了一层护套。

（2）RVVB 为扁形平行护套线，RVS 为无护套对绞线。

（3）RVVB 与 RVV 同为护套线，在用途方面是接近的。不同的是RVVB 为扁形、RVV 为圆形的。另外，RVVB 一般为 2 芯护套线，而 RVV 的芯数一般从 2~24 芯都有。

RVVB 扁平电源线的特点与应用图例如图 2-1 所示。

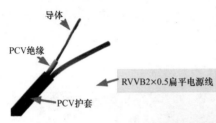

导体
PCV绝缘
PCV护套
RVVB2×0.5扁平电源线

采用直填方式，适用用电量小，应用周期短的门店

RVV 电缆全称铜芯聚氯乙烯绝缘聚氯乙烯护套软电缆，又称轻型聚氯乙烯绝缘聚，俗称软护套线，是护套线的一种，RVV电缆就是两条或两条以上的RV线外边一层护套，RVV电缆是弱电系统最常用的线缆，其芯线根数不固定，两根或以上，外面有PVC护套，芯线之间的排列没有特别要求，字母R代表软电，字母V代表绝缘体聚氯乙烯(PVC)

RVVB电线
额定电压U_o/U为300V/500V
长期允许工作温度应不超过70℃
包装规格：100m/卷
应用：家用电器、小型电动工具、仪器、仪表及动力照明用线、控制电源线

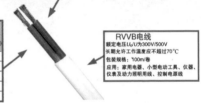

型号/规格	芯数×标称载面/mm²	绝缘厚度规定值/mm	护套厚度规定值/mm	平均外径/mm 上限	平均外径/mm 下限	20℃时导体电阻量大值/(Ω/km)	70℃时导体电阻量小值/(MΩ/km)
RVVB2×16/0.15	2×0.3	0.4	0.8	2.5×5.4	4.2×7.3	69.2	0.013
RVVB2×28/0.15	2×0.5	0.5	0.8	2.7×5.8	4.5×7.6	39	0.012
RVVB2×24/0.20	2×0.75	0.6	0.8	3.0×6.2	4.9×8.0	26	0.011
RVVB2×32/0.20	2×1.0	0.6	0.8	3.3×6.5	5.3×8.5	19.5	0.01
RVVB2×48/0.20	2×1.5	0.7	0.8	4.0×7.0	6.0×9.0	13.3	0.01

图 2-1 RVVB 扁平电源线的特点与应用图例

2.2 PVC 聚氯乙烯绝缘电线

PVC 聚氯乙烯绝缘电线，额定电压一般为 300V/500V，耐热温度一般为 80℃，长度一般为 100m/ 卷，绝缘电阻一般为 5000MΩ/km，特性阻抗一般为 75Ω，颜色有红色、黑色、蓝色、绿色、白色、紫色、橙色、黄色、黄绿色相间（地线）等。

PVC 聚氯乙烯绝缘电线的特点与应用图例如图 2-2 所示。

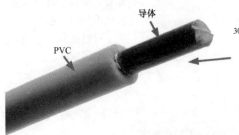

导体

PVC

单股铜芯线
300/500V 2271EC01(BV)型电线电缆重量及载流参考

型号	标称截面 /mm²	导体电阻最大值 /(W/km)	允许载流量/A	参考重量 /(kg/km)
BV	1.5	12.1	24	19.2
BV	1.5	12.1	24	19.8
BV	2.5	7.41	32	30.8
BV	2.5	7.41	32	32.5
BV	4	4.61	42	45
BV	4	4.61	42	45
BV	6	3.08	55	65.5
BV	6	3.08	55	67.1
BV	10	1.83	75	108
BV	16	1.15	105	163
BV	25	0.727	138	256

图 2-2　PVC 聚氯乙烯绝缘电线的特点与应用图例

2.3 电缆的计算

（1）护套厚度

护套厚度 =（挤前外径 ×0.035+
1（电力电缆）

说明——单芯电缆护套的标称厚度应不小于 1.4mm，多芯电缆的标称厚度应不小于 1.8mm。

（2）在线测量护套厚度

护套厚度 =（挤护套后的周长 -
挤护套前的周长)/2π

护套厚度 =（挤护套后的周长 -
挤护套前的周长)×
0.1592

（3）绝缘厚度最薄点

标称值 ×90%-0.1

（4）单芯护套最薄点

标称值 ×85%-0.1

（5）多芯护套最薄点

标称值 ×80%-0.2

（6）钢丝铠装的根数与重量

根数 = { π × (内护套外径 + 钢丝直径) }

　　　÷ (钢丝直径 × λ)

重量 = π × 钢丝直径 ^{2} × ρ × L ×

　　　根数 × λ

（7）绝缘与护套的重量

绝缘与护套的重量 = π × (挤前外

　　　　　径 + 厚度) ×

　　　　　厚度 × L × ρ

（8）钢带的重量

钢带的重量 = [π × (绕包前的外

　　　　　径 + 2 × 厚度 - 1) × 2 ×

　　　　　厚度 × ρ × L] / (1 + K)

（9）包带的重量

包带的重量 = [π × (绕包前的外径 +

　　　　　层数 × 厚度) × 层数 ×

　　　　　厚度 × ρ × L]/(1 ± K)

式中　K——表示重叠率或间隙率,

　　　　　如果为重叠, 则为 1-K；

　　　　　如果为间隙, 则为 1+K。

　　　　ρ——表示材料比重。

　　　　L——表示电缆长度。

　　　　λ——表示绞入系数。

2.4 电缆线径的计算

电线电缆的规格, 一般都是用横截面积来表示的, 并且最常见的单位是 mm^2。电线电缆的导电部分往往是其里面的铜芯或铝芯。电线电缆里面铜芯或铝芯的直径计算如下：

线径值为将导线的截面积除以导线股数, 再除以 3.14 后开二次方, 其值乘以 2。

$$线径 = \sqrt{\dfrac{导线的截面积}{导线股数}} \div 3.14 \times 2$$

另外, 也可以用千分尺检测线径的大小, 然后判断电线电缆的规格是否符合要求、标准：

$$3.14 \times \left(\dfrac{线径}{2}\right)^2 \times 股数 = 导线的截面积$$

举例：

如果用千分尺检测某奶茶店所用的 1.5 单股电线的铜芯线径为 1.38mm, 则据此可以该判断该奶茶店所用电线是否符合要求、标准?

利用上述公式得：

(1.38/2) ^{2} × 3.14 × 1 = 1.494954mm^2

1.5 单股电线截面积 1.5mm^2 符合国标线径, 为合格的电线。

2.5 类似家装店装电线的选择

类似家装店装电线的选择, 一般可以根据 1mm^2 电线承受额定电流 5~6A 来估计。

类似家装店装常见的电线规格有 1mm、1.5mm、2.5mm、4mm、6mm 等, 其应用特点见表 2-1。

表 2-1　应用特点

名　称	选线 /mm^2	电流 /A	估算功率 /kW	最大功率 /W
灯泡	1	6	1.3	1320
灯泡	1.5	9	2	1980
插座	2.5	15	3	3300
空调	4	24	5	5280
空调	6	36	8	7920

2.6 空气开关的概述

空气开关，又称为自动开关、低压断路器。断路器的作用是当工作电流超过额定电流、短路、失电压等情况下，自动切断电路。

根据国际上通用的脱扣特性（曲线），断路器有A、B、C、D脱扣特性的类型。

A特性断路器——2倍额定电流，应用少，一般用于半导体保护。

B特性断路器——2~3倍额定电流，一般用于变压器侧的二次回路保护。

C特性断路器——5~10倍额定电流，该特性是最常用的，一般用于建筑照明用电等。

D特性断路器——10~20倍额定电流，一般用于动力配电。

K特性断路器——ABB公司的专利，主要是用于额定电流40A以下的电动机系统。K特性断路器适用于电机保护、变压器配电系统。

上述特性中多少倍电流，就是抗冲击电流，也就是给一定的时间空气开关不跳闸。断路器的特性就是如何避开冲击电流。

断路器的脱扣器型式，分为过电流脱扣、欠电压脱扣、分励脱扣器等类型。过电流脱扣器，还可以分为过载脱扣器、短路（电磁）脱扣器，以及有长延时、短延时、瞬时之分，具体特点如下：

长延时型断路器——小于10s，可以用作过载保护。

短延时型断路器——0.1 ~ 0.4s，可以用作短路、过载保护。

瞬时型断路器——0.02s，可以用作短路保护。

断路器的脱扣器的选择技巧如下：

长延时型脱扣器的整定电流——整定电流 ≥ 1.1 倍计算电流。

瞬时型脱扣器的整定电流——整定电流 ≥ 1.35 倍尖峰电流（计算电流）。

上一级的脱扣整定电流——整定电流 ≥ 1.2 倍下一级脱扣整定电流。

断路器额定电流——断路器额定电流 = 1.2 ~ 2 倍计算电流。

具有过载长延时、短路短延时、短路瞬动三段保护功能的断路器，能实现选择性保护，大多数主干线都选择其作主保护开关。不具备短路短延时功能的断路器（也就是仅有过载长延时与短路瞬动二段保护），不能作为选择性保护，只能使用在支路。

过电流脱扣器，是断路器最为常用的型式。过电流脱扣器其动作电流整定值，可以是固定的，或是可调的。断路器的分断能力，是指其能够承受的最大短路电流。选择断路器时，需要注意其分断能力必须大于其保护设备的短路电流。

根据安装方式，过电流脱扣器又可以分为固定安装式、模块化安装式。其中，固定安装式脱扣器与断路器壳体加工为一体，一旦出厂，其脱扣器额定电流不可调节。模块化安装式脱扣作为断路器的一个安装模块，可随时调换。

断路器的工作额定电流与脱扣器额定电流的区别如下：

断路器额定电流 I_n——是指脱扣器能长期通过的电流，也就是脱扣器额定电流。

脱扣器额定电流 I_n——是指脱扣器能长期通过的最大电流。

低压断路器的额定极限短路分断能力与额定运行短路分断能力的区别如下：

额定极限短路分断能力 I_{cn}——是指低压断路器在分断了断路器出线端最大三相短路电流后，还可再正常运行，并再分断这一短路电流一次，至于以后是否能正常接通及分断，断路器不予保证。

额定运行短路分断能力 I_{cs}——是指断路器在其出线端最大三相短路电流发生时可多次正常分断。

作为支线上使用的断路器，可以仅满足额定极限短路分断能力即可。

常见四极塑料外壳式断路器的型式如下：

（1）断路器的 N 极不带过电流脱扣器，N 极与其他三个相线极一起合分电路，适用于中性线电流不超过相线电流的 25% 的正常状态系统。

（2）断路器的 N 极不带过电流脱扣器，N 极始终接通，不与其他三个相线极一起断开，适用于 TN-C 系统

（PEN 线不允许断开）。

（3）断路器 N 极带过电流脱扣器，N 极与其他三个相线极一起合分电路，适用于三相负载不平衡系统。

（4）断路器的 N 极始终过电流脱扣器，N 极始终接通，不与其他三个相线极一起断开，适合 TN-C 系统。

（5）断路器的 N 极装设中性线断线保护器，N 极与其他三个相线极一起合分电路。

（6）断路器的 N 极装设中性线断线保护器，N 极始终接通，不与其他三个相线极一起断开，适合于 TN-C 系统。

选用四极断路器的一些情况如下：

（1）有双电源切换要求的系统必须选用四极断路器以满足整个系统的维护、测试、检修时的隔离需要。

（2）剩余电流动作保护器，必须保证所保护的回路中的一切带电导线断开，因此，对具有剩余电流动作保护要求的回路，均应选用带 N 极的漏电断路器。

（3）小规模商店每铺单相总开关，需要选用带 N 极的二极开关（也可用四极断路器）。

2.7 小型断路器的特点与选择

根据被保护负载的不同，小型断路器具的保护特性见表 2-2。

表 2-2 小型断路器具的保护特性

类型	脱扣特性	应用
B 型曲线	瞬时脱扣范围 (3～5) I_n	适用于纯阻性负载、低感照明回路，主要用于保护短路电流较小的负载，例如电源、长电缆等
C 型曲线	瞬时脱扣范围 (5～10) I_n	适用于感性负载、高感照明回路，主要用于保护常规负载、配电线缆
D 型曲线	瞬时脱扣范围 (10～14) I_n	适用于高感负载、较大冲击电流的配电系统，主要用于保护起动电流大的冲击性负载，例如电动机、变压器等

类似家居店装，一般选择 DZ 系列的空气开关。DZ 系列的空气开关，常见的型号 / 规格有 C16、C25、C32、C40、C60、C80、C100、C120 等规格，

其中 C 表示脱扣电流，也就是起跳电流。例如，C40 表示起跳电流为 32A。类似家居店装断路器作用域结构如图 2-3 所示。

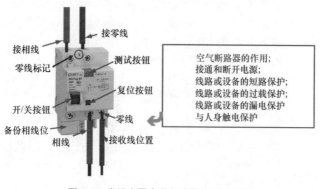

接零线
接相线
零线标记
测试按钮
复位按钮
开/关按钮
零线
备份相线位
相线
接收线位置

空气断路器的作用；
接通和断开电源；
线路或设备的短路保护；
线路或设备的过载保护；
线路或设备的漏电保护
与人身触电保护

图 2-3　类似家居店装断路器作用域结构

动力电路，一般选择用 DW、DZ 型，常见的型号 / 规格有 20、32、50、63、80、100、125、160、250、400、600、800、1000...(单位为 A) 等。

空气开关完整表示为：

触点电流 – 额定电流 / 极数

举例：

C60–32A/3P

C ——表示适用与照明线路。字母 D 表示适用于动力线路。

60 ——表示触点电流。

32A ——表示额定电流为 32A。

3P ——表示为三极，也就是有三个进线端，三个出线端。

一般理发店安装 6500W 热水器，则需要选择 C32 的空气开关。如果安装 7500W、8500W 的热水器，则一般需要选择 C40 的空气开关。

1P 空气开关——单极断路器，具有热磁脱扣功能，仅控制一相线。模数一般为 18mm。

2P 空气开关——单相 2 极断路器，是同时控制一相线与一零线，且都具有热磁脱扣功能，模数一般为 2 × 18mm=36mm。

3P 空气开关——是同时控制三相 380V 的三线。

4P 空气开关——是同时控制三相四线（380V 带零线）的四线。

1P+N 空气开关——为单极 +N 断路器，同时控制相线、零线，但只有相线具有热磁脱扣功能。模数一般为 18mm。

单相空气开关承受功率的计算如下：

瞬时功率 = 瞬时电压 × 瞬时电流

功率 = 电压 × 电流

功率 = 电压 × 电流 × 0.8（降额系数）

单相，意味着电压为 220V。

粗略估计：例如 C 32A 空气开关，则粗略估计为 32 × 220=7.04kW，也就是 7kW。

2.8 门店断路器与其电线的计算与选择

一般门店电流的计算公式如下：

$$I_{js}=K_x * P/U/\cos \phi$$

式中　I_{js}——表示计算电流。

　　　　K_x——表示需用系数。类似家庭用电的门店 K_x 为 0.5~0.7 间，其他门店用电可以调整。如果营业时间长的，则需用系数可达到 1。

　　　　P——表示安装容量，也就是所有电器功率之和，插座也需要折算在内。

　　　　$\cos \phi$——表示功率因数，类似家庭用电门店的民用电气线路根据 0.85~0.9 估算，其他门店用电

可以调整。

经过计算，得到电流值。选择断路器时，大约大于其 1.2~1.5 个规格即可。

断路器与其所保护的线路要配套，一般类似家庭用电门店的配套情况如下：

16A 断路器——对应线路为 BV-2.5。

20A、25A 断路器——对应线路为 BV-4。

32A 断路器——对应线路为 BV-6。

40A 断路器——对应线路为 BV-10。

如果用电量大的店装公装，则断路器配套的电线规格，需要调高一档，或者分组安装。

2.9 三相电空气开关与电动机的空气开关特点与选择

三相电空气开关承受功率的计算如下：

功率 = 电流 × 电压 × $\sqrt{3}$ × 功率因数

电流 = 功率 / 电压 / $\sqrt{3}$ / 功率因数

三相，意味着电压为 380V。

举例：

空气开关是 100A 的，则功率为 $100 \times 380 \times 1.732 \times 0.85 = 55.9$kW，也就是大约为 55kW。

电动机的空气开关的选择：

（1）需要选择 "D" 系列的空气开关。

（2）电动机如果是三相的，则选择 3P 的空气开关。电动机如果是单相的，则选择 1P 的空气开关。

（3）根据电动机的功率来计算额定电流。电动机的起动电流比额定电流大，为了达到起动电流的要求，一般根据额定电流值的两倍数值来选择空气开关。

2.10 空调空气开关的选择

空调空气开关的选择计算如下：首先把空调匹数计算成相应功率，计算方法如图 2-4 所示。然后把空调相应功率乘以 3，也就是 3 倍冲击电流。再把功率除以电压（单相为 220V，三

相为 380 V），得到电流数值。该电流数值就是选择空调空气开关的脱扣电流。如果该电流数值不为空气开关具备的规格，则往靠近的上一规格选取即可。

1匹=735W≈750W

1.5匹=1.5×750W=1125W

2匹=2×750W=1500W

2.5匹=2.5×750W=1875W

……

此计算法以此类推

图2-4 空调匹数计算成相应功率

举例：

220V电压，3匹空调应选择多少

A 的空气开关？

750W×3匹 = 2250W

2250W×3倍（冲击电流）=6750W

6750W÷220V=30.68A≈32A

选择 32A 的空气开关。

380V 电压，5 匹空调应选择多少 A 的空气开关？

750W×5匹 = 3750W

3750W×3倍（冲击电流）=1125W

1125W÷380V=29.60 ≈ 32A

选择 32A 的空气开关。

2.11 电表的概述

电表是电能表的简称，其又称为电度表、火表、千瓦小时表。电表是用来测量电能的一种仪表。

电表的分类如下（见图2-5）：

根据结构、工作原理——感应式（机械式）电表、静止式（电子式）电表、机电一体式（混合式）电表等。

根据接入电源性质——交流表、直流表等。

根据准确级——常用普通表有0.2S、0.5S、0.2、0.5、1.0、2.0等。

根据标准表——0.01、0.05、0.2、0.5等。

根据安装接线方式——直接接入式电表、间接接入式电表等。

根据用电设备——单相电表、三相三线电表、三相四线电表等。高压电表一般采用三相三线电表。

根据电压——高压电表、低压电表等。低压电表一般是计量380V/220V电路的电能。

店装公装，一般使用单相电表或者三相电表、低压电表、交流表，图例如图2-6所示。

电表是用记录用户消耗多少电能的仪表

图2-5 电表的分类

图2-6 店装应用电表图例

电表端子的连接要求与方法如图2-7所示。

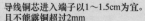

导线铜芯进入端子以1～1.5cm为宜。且不能露铜超过2mm

1-1.5cm

露铜不超过2mm

每个接线端子只能装两条线，如果需要则转移到另外一个接口。两条线应绞缠在一起后再装进去

接线端口只有一条线的，要弯羊眼并且顺时针放进接线端子内，以增加接触面

羊眼

图 2-7　电表端子的连接要求与方法

一般电表标有两个电流值，形式如下：

基本电流（额定最大电流）A。

I_b（I_{max}）A

基本电流是确定电表有关特性的电流值，也称为标定电流，是作为计算负荷基数电流值用的。

额定最大电流是为了电表能满足标准规定的准确度的最大电流值。使用负荷如果超过电表的最大额定电流，电表可能会烧坏，甚至导致火灾。店装公装时，遇到该种情况，则需要及时办理增容。

直接接入式的电表，其基本电流需要根据额定最大电流、过负荷倍数来确定。其中，额定最大电流需要根据经核准的客户报装负荷容量来确定。过负荷倍数，对正常运行中的电表实际负荷电流达到最大额定电流的30%以上的，宜选择2倍表。实际负荷电流低于30%的，应选择4倍表。

有的地方规定，为保证低负荷时计量的准确性，必须选用过负荷4倍及以上的电表。过负荷倍数越大，则说明在低负荷时计量越准确。

按规程要求，低压供电，负荷电流为50A及以下时，宜采用直接接入式电表。负荷电流为50A以上时，宜采用经电流互感器接入式的接线方式。

举例：

某商店选择220V，3(6)A的电表，则3、6是什么含义？

解析　3 —— 为3A，即基本电流。

　　　6 —— 为6A，即额定最大电流。

220V—— 为电表的额定电压。

2.12　单相有功电表的选择

单相有功电表适用于在单相220V电路内记录用电量，其电压线圈一般为220V，电流线圈有1A、2A、2.5A、3A、5A、10A、20A、30A、40A、60A等规格。

单相电路的有功功率计算公式如下：

$$P=UI\cos\phi$$
$$I=P/U\cos\phi$$

公式中 $\cos\phi$ 为功率因数，对于一般照明电路的功率因数接近于1。电路中有大量的荧光灯、水银灯或单相电动机时，$\cos\phi<1$，在应用公式时，只需要一个 $\cos\phi$ 校正值即可。

通过该公式，可以计算出不同容量的单相有功电表能够长期承接的最大负荷。以及知道了电路的负荷功率大小，选择所需用的电表。计算要点如下：

　　P——电路的负荷功率大小。

　　U——单相电路中电压为220V。

　　I——单相每千瓦负荷的电流数，也就是选择电表规格的依据。

　　举例：

　　某服装店照明电路有5kW的负荷，原店主配了10A的单相电表，则现在装修需要申请更换吗？（$\cos\phi=1$）

　　分析与解答：根据$I=P/U\cos\phi$得

$$5000／220=22.7A$$

　　然后，根据单相电表具有的规格来选择（需要往上一级选择），即该服装店照明电路需要采用30A的单相电表。为此，原店主配了10A的单相电表不能够继续使用，现在装修需要申请更换。

　　估计选配单相电表的经验法如下：单相低压电路每千瓦负荷的电流值大约4.5A。

2.13　三相四线电表的选择

　　三相电表有机械表、普通电子表、磁卡电子表等种类，常见规格有1.5(6)、5(20)、10(40)、15(60)、20(80)、30(100)（电压3×380/220V~）等。

　　三相四线有功电表是由三个元件组合而成的。每一个元件相当于一只单相电表，因此，三相四线电表可以看作为三个单相电表的组合，如图2-8所示。三相四线电表所能带的负荷是同容量单相电表所能带的负荷的三倍。对于同一负荷，如果选用三相四线电路与三相四线有功电表时，其所需容量只是单相电路有功电表容量的1/3。

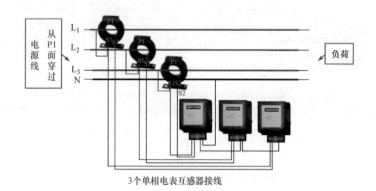

3个单相电表互感器接线

图2-8　三相四线电表可以看作为三个单相电表的组合

　　举例：

　　某茶楼原来采用单相30A的单相电表。如果现在改为三相四线供电，并且负荷变化，则需要选择何种三相四线有功电表？

　　分析：根据对于同一负荷，如果选用三相四线电路与三相四线有功电表时，其所需容量只是单相电路有功电表容量的1/3，得

$$30/3=10A$$

即选择 10A 三相四线电表即可。

三相四线电路的总功率计算公式如下：

$$P=U_1 I_1 \cos\phi 1+U_2 I_2 \cos\phi 2+U_3 I_3 \cos\phi$$

也就是，三相四线电路的总功率等于各相功率的总和。

三相负荷基本平衡时，则三相四线电路的总功率计算公式如下：

$$P=3UI\cos\phi$$

式中　U——为相电压。

　　　　I——为相电流。

估计三相四线一般照明电路的负荷电流及选配电表的经验法如下：仅有照明负荷的三相四线电路，且 $\cos\phi=1$ 时，三相四线电路每千瓦负荷的电流为 1.5A。如果电路内有大量荧光灯、水银灯，且没有进行电容补

偿，或者混装有动力设备时，则电路功率因数 $\cos\phi<1$。遇到该情况，可以根据电路特点先估计一定的功率因数 $\cos\phi$ 值，然后利用 1.5A/kW 的基准，计算电路的电流，然后再除以估计一定的功率因数 $\cos\phi$ 值进行校正即可。

举例：

某宾馆为三相四线电路，最大灯负荷为 40kW，则需要选用多大的有功电表？

分析：根据三相四线电路每千瓦负荷的电流为 1.5A 得

$$1.5 \times 40=60(A)$$

则，需要选择三相四线 60A 的电表。

三相四线电子式电表的接线如图 2-9 所示。

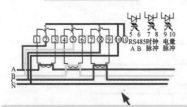

经互感器接入式接线图

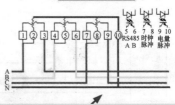

直接接入式接线图

安装电表时其底板应放在坚固耐火的墙上，建议安装高度为1.8m左右。
电表应按照端子盖内的接线圈进行接线，最好用铜线或铜接头引入，务必保证压接紧固，接触良好。

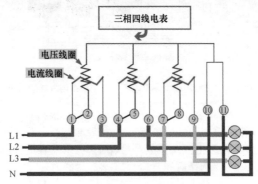

图 2-9　三相四线电子式电表的接线

三相电表的负荷，可以通过选配不同变比的电感线圈来达到使用要求，如图 2-10 所示。电流互感器的特点如图 2-11 所示。

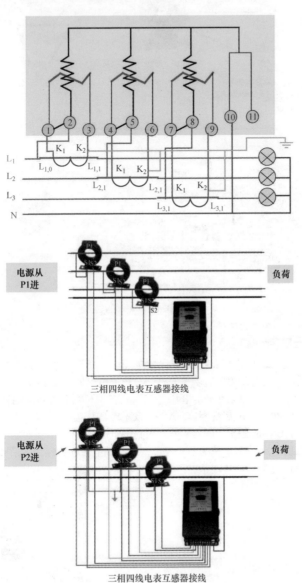

图 2-10　选配不同变比的电感线圈来达到使用要求

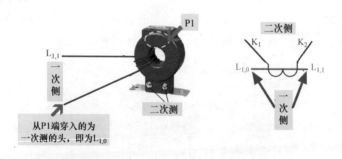

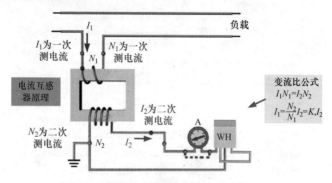

图 2-11　电流互感器的特点

2.14　三相三线电表的选择

低压三相三线有功电表就是用于三相三线低压动力电路内的有功电表。三相三线电表的电压线圈接线电压，其额定值为 380V，电流线圈有 5A、10A、15A 等不同的规格。

三相三线电路的总功率为各相功率之和。三相电路平衡情况下，三相三线电路的总功率的计算公式如下：

$$P=\sqrt{3}\ UI\cos\phi$$

式中　U ——为线电压。

　　　I ——为线电流。

　　$\cos\phi$ ——为功率因数，一般低压动力电路功率因数大约为 0.7~0.8。

估计选配三相三线电表的经验法

如下：三相三线低压动力电路每千瓦负荷的电流值大约 2A。

三相三线电表不能用作照明，以及不能用作需要接零线的其他单相负荷的电能计量。

三相三线电表接线如图 2-12 所示。

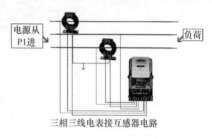

三相三线电表接互感器电路

图 2-12　三相三线电表接线

2.15 塑料槽盒规格数据与最大穿线数量

塑料槽盒规格数据如图 2-13 所示。

型号	B	H	b
GA15	15	10	1.0
GA24	24	14	1.0
GA39/01	39	18	1.2
GA39/02(双槽)	39	18	1.4
GA39/03(三槽)	39	18	1.4

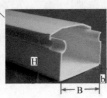

型号	B	H	b
GA60/01	60	22	1.4
GA60/02	60	40	1.4
GA80	80	40	1.5
GA100/01	100	27	1.6
GA100/02	100	40	1.7

图 2-13　塑料槽盒规格数据

塑料槽盒最大穿线数量见表 2-3。

表 2-3　塑料槽盒最大穿线数量

电线规格 /mm²	GA15	GA24	GA39 /01	GA39/ 02	GA39/ 03	GA60/ 01	GA60/ 02	GA80	GA100/ 01	GA100/ 02
1	4	10	23	2 × 20	3 × 12	42	81	109	99	165
1.5	3	9	20	2 × 17	3 × 11	37	72	96	87	146
2.5	2	6	14	2 × 12	3 × 7	26	50	67	62	103
4	2	5	11	2 × 9	3 × 6	20	41	54	49	81
6		4	9	2 × 8	3 × 5	16	31	42	39	66
10		2	4	2 × 3	3 × 2	8	16	21	19	32
16			3	2 × 3	3 × 1	6	12	17	14	24
25			2	2 × 2	3 × 1	4	6	10	9	15
35			1	2 × 1		3	5	7	7	12
50						2	4	5	5	9

2.16 美式金属接线盒与暗盒

有的美式金属接线盒与暗盒采用的材质为镀锌板，厚度为 1.6mm。不同的型号敲落孔有差异。例如：

LT4125——底部有 4 个 22.5mm 敲落孔，并且带一个接地螺钉凸起，侧面每边有一个 22.5mm 敲落孔，

LT4127——底部有 2 个 22.5mm 敲落孔，2 个 28.5mm 敲落孔，并且带一个接地螺钉凸起，侧面 2 个 22.5mm 敲落孔，2 个 28.5mm 敲落孔。

LT4130——底部冲空，用于其他

八角盒的延伸加高，可以在需要接入更多的线缆或者预埋深度超标时使用，其侧面有 4 个 22.5mm 敲落孔。

美式金属接线盒与暗盒螺牙规格，一般底部接地螺钉为 #10~32，上沿安装螺钉规格一般为 #8~32。美式金属接线盒与暗盒图例如图 2-14 所示。

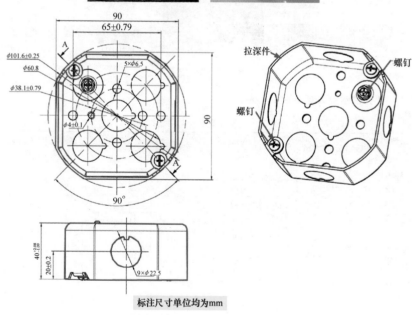

图 2-14　美式金属接线盒与暗盒图例

2.17　常用 86 系列接线盒规格参数

常用 86 系列接线盒规格参数如图 2-15 所示。

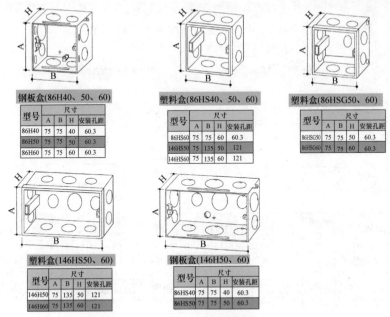

型号	尺寸			
钢板盒(86H40、50、60)	A	B	H	安装孔距
86H40	75	75	40	60.3
86H50	75	75	50	60.3
86H60	75	75	60	60.3

型号	尺寸			
塑料盒(86HS40、50、60)	A	B	H	安装孔距
86HS60	75	75	60	60.3
146HS50	75	135	50	121
146HS60	75	135	60	121

型号	尺寸			
塑料盒(86HSG50、60)	A	B	H	安装孔距
86HSG50	75	75	50	60.3
86HSG60	75	75	60	60.3

型号	尺寸			
塑料盒(146HS50、60)	A	B	H	安装孔距
146HS50	75	135	50	121
146HS60	75	135	60	121

型号	尺寸			
钢板盒(146H50、60)	A	B	H	安装孔距
86HS40	75	75	40	60.3
86HS50	75	75	50	60.3

图 2-15 常用 86 系列接线盒规格参数（单位：mm）

2.18 T1~T4 型铁制灯头盒、S1~S4 型塑料灯头盒规格尺寸

T1~T4 型铁制灯头盒、S1~S4 型塑料灯头盒规格尺寸如图 2-16 所示。

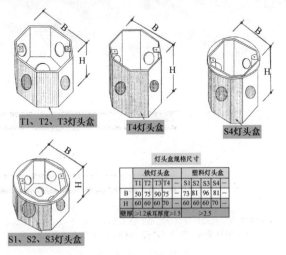

灯头盒规格尺寸

	铁制灯头盒					塑料灯头盒			
	T1	T2	T3	T4		S1	S2	S3	S4
B	50	75	90	75	—	73	81	96	81
H	60	60	60	70	—	60	60	60	70
壁厚	≥1.2承耳厚度≥1.5					≥2.5			

图 2-16 T1~T4 型铁制灯头盒、S1~S4 型塑料灯头盒规格尺寸（单位：mm）

2.19 导线用接线端子特点与压接做法

导线用接线端子特点、规格数据如图2-17所示，导线用接线端子压接做法如图2-18所示。

DT、DL系列铜、铝接线端子

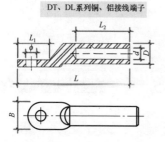

DTL系统铜铝过渡接线端子

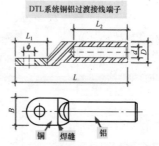

铜　焊缝　铝

规格	导线截面积/mm²	结构尺寸							规格	导线截面积/mm²	结构尺寸						
		D	d	L_1	L_2	ϕ	B	L			D	d	L_1	L_2	ϕ	B	L
DT、DL、DTL-16	16	10	6	17	32	6.5	16	67	DT、DL、DTL-95	95	20	14	31	45	10.5	30	106
DT、DL、DTL-25	25	12	7	20	34	6.5	19	73	DT、DL、DTL-120	120	22	15	36	50	13	34	121
DT、DL、DTL-35	35	14	8	22	36	8.5	21	81	DT、DL、DTL-150	150	24	17	38	52	13	36	127
DT、DL、DTL-50	50	16	10	24	40	8.5	23	88	DT、DL、DTL-185	185	28	19	42	55	13	40	136
DT、DL、DTL-70	70	18	12	28	42	10.5	27	99	DT、DL、DTL-240	240	30	21	47	60	17	45	149

图2-17　导线用接线端子特点、规格数据（单位：mm）

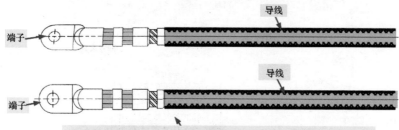

铜、铝及铜铝过渡接线端子适用于导线截面在16mm²以上铜、铝导线终端接线。
DT、DL、DTL系统接线端子适用于电缆头端接线专用端子

图2-18　导线用接线端子压接做法

2.20 OT 型接线端子特点与规格

使用接线端子接线，必须使用配套的压线钳、钳口压接。手压钳可压接 0.2~6mm² 导线，10mm² 及以上导线可使用油压钳压接。

OT 型接线端子特点与规格数据如图 2-19 所示。

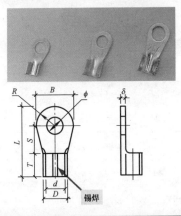

型号	适用导线截面积/mm²	各部尺寸/mm								使用钳口
		B	ϕ	T	D	d	S	L	δ	
0T0.5−3 0T0.5−4	0.35～0.5	6 8	3.2 4.2	4				14 16	0.5	手压钳 1号钳口
0T1−3 0T1−4	0.75～1	7.4 8.4	3.2 4.2	4.8	3.2	1.6	6 6.8	14.5 15.8	0.8	手压钳 1号钳口
0T1.5−4 0T1.5−5	1.2～1.5	8 9.8	4.2 5.3	5	3.5	1.9	8 9	17 19	0.8	手压钳 1号钳口
0T2.5−4 0T2.5−5	2～2.5	8.6 9.8	4.2 5.3	6	4.5	2.5	7 8	17.3 18.9	1	手压钳 2号钳口
0T4−5 0T4−6	3～4	10 12	5.3 6.4	7	5.8	3.4	9.4 10.8	21.4 23.8	1	手压钳 3号钳口
0T6−5 0T6−6	5～6	11.6 13.6	5.3 6.4	7	6.1	4.1	8.6 10	24.4 23.8	1	手压钳 3号钳口

图 2-19　OT 型接线端子特点与规格数据

型号	适用导线截面积/mm²	各部尺寸/mm								使用钳口
		B	ϕ	T	D	d	S	L	δ	
OT10-6 OT10-8	8~10	14 16	6.4 8.4	10.5	7.6	5.2	11 13.3	28.5 31.8	1.2	油压钳
OT16-6 OT16-8	16	16	6.4 8.5	10.5	9.9	6.9	12.5 14.5	31 33	1.5	油压钳
OT25-6 OT25-8	25	16	6.4 8.5	12	10.5	7.5	13	33	1.5	油压钳
OT35-8 OT35-10	35	18	8.5 10.5	14	12.6	9.0	18	41	1.8	油压钳
OT50-8 OT50-10	50	20	8.4 10.5	18	15	11	22	50	2	油压钳
OT70-8 OT70-10	70	22	8.4 10.5	19	17	13	25	55	2	油压钳
OT90-10 OT90-12	90	24	10.5 12.5	20	18.5	14.5	28	60	2	油压钳

图 2-19 OT 型接线端子特点与规格数据（续）

2.21 UT 接线端子特点与规格数据

UT 接线端子特点与规格数据如图 2-20 所示。

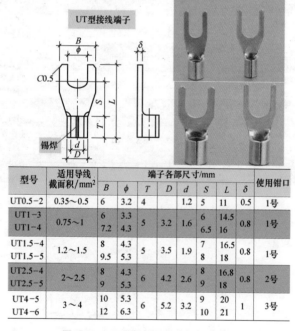

型号	适用导线截面积/mm²	端子各部尺寸/mm								使用钳口
		B	ϕ	T	D	d	S	L	δ	
UT0.5-2	0.35~0.5	6	3.2	4		1.2	5	11	0.5	1号
UT1-3 UT1-4	0.75~1	6 7.2	3.3 4.3	5	3.2	1.6	6 6.5	14.5 16	0.8	1号
UT1.5-4 UT1.5-5	1.2~1.5	8 9.5	4.3 5.3	5	3.5	1.9	7 8	16.5 18	0.8	1号
UT2.5-4 UT2.5-5	2~2.5	8 9	4.3 5.3	6	4.2	2.6	8 9	16.8 18	0.8	2号
UT4-5 UT4-6	3~4	10 12	5.3 6.3	6	5.2	3.2	9 10	20 21	1	3号

图 2-20 UT 接线端子特点与规格数据

2.22 IT 接线端子特点与规格数据

IT 接线端子特点与规格数据如图 2-21 所示。

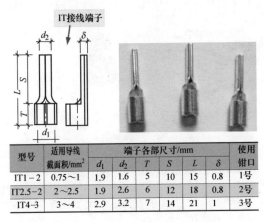

型号	适用导线截面积/mm²	端子各部尺寸/mm						使用钳口
		d_1	d_2	T	S	L	δ	
IT1−2	0.75～1	1.9	1.6	5	10	15	0.8	1号
IT2.5−2	2～2.5	1.9	2.6	6	12	18	0.8	2号
IT4−3	3～4	2.9	3.2	7	14	21	1	3号

图 2-21　IT 接线端子特点与规格数据

2.23 单芯铜导线用绝缘螺旋接线钮特点与拧接

单芯铜导线用绝缘螺旋接线钮特点与规格数据如图 2-22 所示。单芯铜导线用绝缘螺旋接线拧接方法如图 2-23 所示。

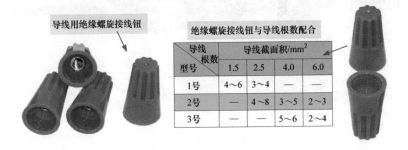

导线根数 型号	导线截面积/mm²			
	1.5	2.5	4.0	6.0
1号	4～6	3～4	—	—
2号	—	4～8	3～5	2～3
3号	—	—	5～6	2～4

图 2-22　单芯铜导线用绝缘螺旋接线钮特点与规格数据

① 削线　　　② 扭线　　　③ 剪断　　　④ 扭紧

图 2-23　单芯铜导线用绝缘螺旋接线拧接方法

2.24 YM 型压线帽特点与应用

　　YM 型压线帽特点与规格数据如图 2-24 所示。YM 型压线帽应用操作，需要使用专用钳子来操作，如图 2-25 所示。

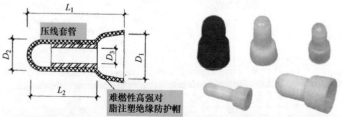

型号	色别	规格/mm					型号	色别	规格/mm				
		L_1	L_2	D_1	D_2	D_3			L_1	L_2	D_1	D_2	D_3
YMT−1	黄	19	13	8.5	6	2.9	YML−1	绿	25	18	11	9	4.6
YMT−2	白	21	15	9.5	7	3.5	YML−2	蓝	26	18	12	10	5.5
YMT−3	红	25	18	11	9	4.6							

图 2-24　YM 型压线帽特点与规格数据

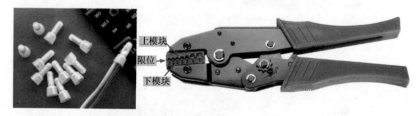

图 2-25　需要使用专用钳子来操作

2.25 线管的规格

　　常见的线管规格数据见表 2-4。

表 2-4　常见的线管规格数据

线管型号、规格

管材种类（图注代号）	公称口径 /mm	外径 /mm	壁厚 /mm	内径 /mm
电线管（KGB）扣压式薄壁镀锌铁管	16	15.7	1.2	13.3
	20	19.7	1.2	17.3
	25	24.7	1.2	22.3
	32	31.6	1.2	29.2
	40	39.6	1.2	37.2

（续）

管材种类 （图注代号）	公称口径 /mm	外径 /mm	壁厚 /mm	内径 /mm
电线管（KDG） 套接紧定式镀锌 铁管	16	15.7	1.02	13.3
	20	19.7	1.2	17.3
	25	24.7	1.2	22.3
	32	31.6	1.2	29.2
	40	39.6	1.2	37.2
	50	49.6	1.2	47.2
焊接钢管（SC）	15	20.75	2.5	15.75
	20	26.25	2.5	21.25
	25	32	2.5	27
	32	40.75	2.5	35.75
	40	46	2.5	41
	50	58	2.5	53
	70	74	3	68
	80	86.5	3	80.5
	100	112	3	106
聚氯乙烯硬质 电线管(PC)(PVC 中型管）	16	16	1.4	13
	20	20	1.5	16.9
	25	25	1.7	21.4
	32	32	2	27.8
	40	40	2	35.4
	50	50	2.3	44.1
聚氯乙烯硬质 电线管(PC)(PVC 重型管）	16	16	1.9	12.2
	20	20	2.1	15.8
	25	25	2.2	20.6
	32	32	2.7	26.6
	40	40	2.8	34.4
	50	50	3.2	43.6
	63	63	3.4	56.2
聚氯乙烯塑 料波纹电线管 （KPC）	15	18.7	2.45	13.8
	20	21.2	2.6	16
	25	28.5	2.9	22.7
	32	34.5	3.05	28.4
	40	42.5	3.15	36.2
	50	54.5	3.8	46.9

其中，PVC 电线管公称外径规格有：ϕ16、ϕ20、ϕ25、ϕ32、ϕ40、ϕ50、ϕ63、ϕ75、ϕ110 等。 其中，常见常用 PVC 电线管规格为 ϕ16、ϕ20，其一般用于室内照明线路。ϕ25 的 PVC 电线管，常用于插座或是室内主线管，也用于弱电线管。

ϕ50、ϕ63、ϕ75 的 PVC 电线管，常用于电表到户内的线管。

如果 PVC 电线管长度不够，则可以采用直接来扩长，但是，需要注意直接接口打胶，以保证线管不会松动，如图 2-26 所示。

图 2-26　PVC 电线管直接的应用

2.26　常用导线穿线槽参考数量

常用导线穿线槽参考数量见表 2-5。

表 2-5　常用导线穿线槽参考数量

BVV 线截面积 /mm²	线槽规格				
	25×14	40×18	60×22	100×27	100×40
1.5	9	19	35	72	106
2.5	7	16	29	60	88
4.0	6	13	24	49	72
6.0	4	8	16	32	48
10	—	4	8	19	29
16	—	—	5	13	19

说明：线槽导线数 (–40% 满槽率)

2.27　耐火槽盒常用规格数据

耐火槽盒常用规格数据见表 2-6。

表 2-6　耐火槽盒常用规格数据

宽度 /mm　高度 /mm	100	150	100	250	300
150	△	△			
200	△	△			
250	△	△	△		
300	△	△	△		
400		△	△	△	
500	△	△		△	△
600	△	△		△	△
800		△		△	△
1000		△		△	△

说明：符号△表示常用规格

2.28 开关插座的尺寸

开关插座的尺寸如图 2-27 所示。

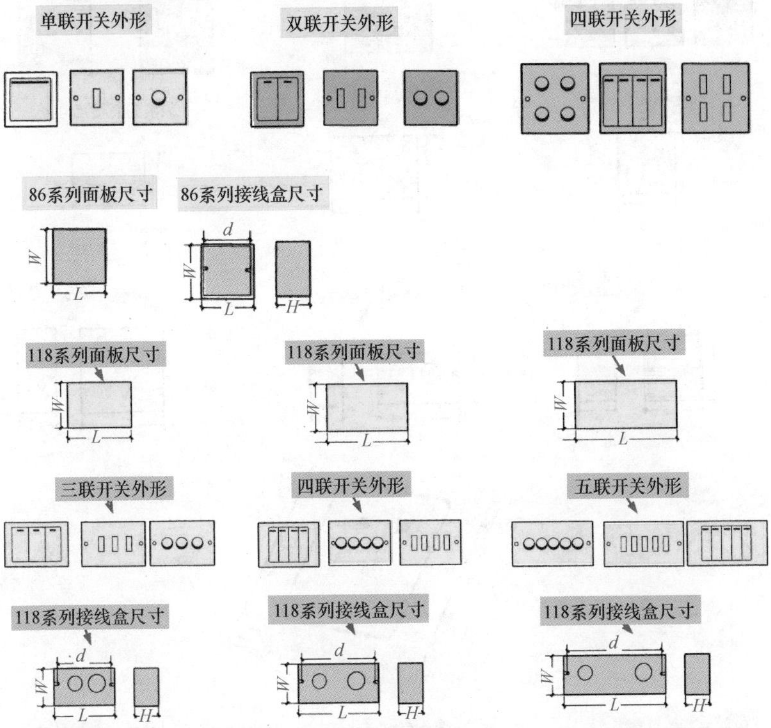

单联开关外形　　　　双联开关外形　　　　　　四联开关外形

86系列面板尺寸　　86系列接线盒尺寸

118系列面板尺寸　　　118系列面板尺寸　　　　118系列面板尺寸

三联开关外形　　　　四联开关外形　　　　　五联开关外形

118系列接线盒尺寸　　118系列接线盒尺寸　　　118系列接线盒尺寸

系列	额定电压/V，额定电流/A			外形尺寸		安装孔距	配套接线盒(暗装)		
	开关	插座		L/mm	W/mm	d/mm	L/mm	W/mm	H/mm
86型	250V 6A、10A、16A	250V 10A、16A、20A	440V 16A、25A	86	86	60	80	80	50
120型	250V 6A、10A、16A	250V 15A、16A	440A 16A、25A	120	72	83.5	107	63	50
				120	120	83.5	107	107	50
118型	250V 6A、10A、16A	250V 10A、16A、10A	440V 16A、25A	118	72	83.5	115	65	50
				155	72	122	146	61	50
				195	72	162	189	61	50

图 2-27　开关插座的尺寸

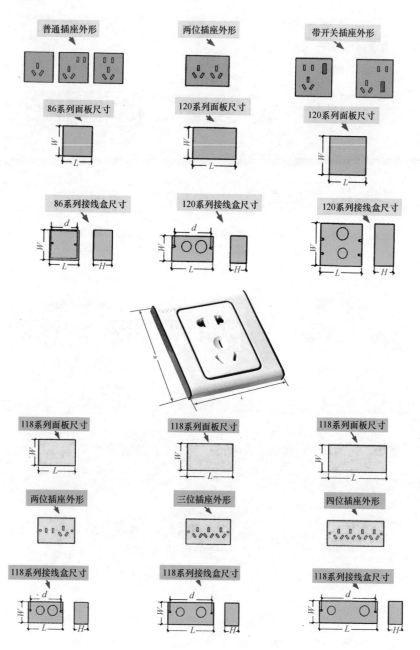

图 2-27　开关插座的尺寸（续）

2.29 节能灯与 LED 光源功率换算对比

节能灯与 LED 光源功率换算对比如图 2-28 所示。

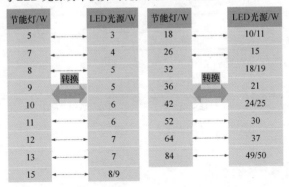

节能灯/W	LED光源/W		节能灯/W	LED光源/W
5	3		18	10/11
7	4		26	15
8	5	转换	32	18/19
9	5		36	21
10	6		42	24/25
11	6		52	30
12	7		64	37
13	7		84	49/50
15	8/9			

图 2-28 节能灯与 LED 光源功率换算对比

2.30 节能灯的参数

灯体前部分（靠近灯头的部分）为直线状，后部分为螺旋状的半螺旋节能灯参数见表 2-7。

表 2-7 半螺旋节能灯参数

功率/W	光通量/lm	功率/W	光通量/lm
5	242	23	1403
7	340	32	1920
9	465	45	2700
11	584	55	3410
14	756	85	5270
15	786	105	6510
18	1098		

整个灯体部分皆为螺旋状的全螺旋节能灯参数见表 2-8。

表 2-8 全螺旋节能灯参数

功率/W	光通量/lm	功率/W	光通量/lm
5	242	11	584
7	340	15	789
9	465		

3U 型节能灯参数见表 2-9。

表 2-9　3U 型节能灯参数

功率 /W	光通量 /lm	功率 /W	光通量 /lm
8	368	18	1098
11	594	24	1464
14	7566		

2U 型节能灯参数见表 2-10。

表 2-10　2U 型节能灯参数

功率 /W	光通量 /lm	功率 /W	光通量 /lm
3	138	8	368
5	230	12	648

2.31　筒灯的规格与尺寸

　　筒灯是一种嵌入到天花板内光线下射式的照明灯具。其最大特点就是能够保持建筑装饰的整体统一与完美，不会因为灯具的设置而破坏吊顶艺术的完美统一。

　　筒灯属于嵌装于天花板内部的隐置性灯具，光线是向下投射的，属于直接配光。筒灯可以用不同的反射器、镜片、百叶窗、灯泡，来取得不同的光线效果。

　　筒灯不占据空间，可以增加空间的柔和气氛。例如想营造温馨的感觉，则可以装设多盏筒灯，减轻空间压迫感。筒灯在酒店、咖啡厅等店装公装场所使用较多。

　　筒灯，一般采用滑动固定卡施工安装，可以安装在 3~25mm 的不同厚度的天花板上，以及可以根据不同的用途来选择最合适的灯管，如图 2-29 所示。

图 2-29　筒灯的施工安装

筒灯可以分为以下种类：

（1）根据场所——分为家居筒灯和工程筒灯。

（2）根据安装方式——分为嵌入式筒灯和明装式筒灯。

（3）根据灯管安排方式——分为竖式筒灯和横式筒灯。

（4）根据光源个数——分为单插筒灯和双插筒灯。

（5）根据光源的防雾情况——分为普通筒灯和防雾筒灯。

（6）根据大小——分为2、2.5、3、3.5、4、5、6、8、10in（1in=2.54cm）等。

（7）根据反射板的特点——分为镜面反射板筒灯和磨砂反射板筒灯。

（8）筒灯还可以分为普通筒灯和LED筒灯等类型。其中LED筒灯，一般是由LED模块、控制装置、连接器、灯体等组成的一种室内照明用筒灯。根据结构，LED筒灯可以分为自带控制装置式（即整体式）LED筒灯和控制装置分离式LED筒灯。根据安装方式，LED筒灯可以分为固定式LED筒灯和嵌入式LED筒灯。LED筒灯，可以应用于家居照明、娱乐场所照明、办公场所照明、大型公共场所照明、局部照明、酒店以及商业场所照明等场所。LED筒灯外形如图2-30所示。

图2-30 LED筒灯外形

英寸与公制单位的换计算如下：

1英寸（inch）=25.4毫米（mm）=2.54厘米（cm）。

4in=4×2.54=10.16cm。

6in=6×2.54=15.24cm。

8in=8×2.54=20.32cm。

因此，一般而言，4in筒灯（反射杯的口径）大约为10cm。6in筒灯（反射杯的口径）大约为15cm。8in筒灯（反射杯的口径）大约为20cm。具体一些筒灯的尺寸见表2-11。

表2-11 具体一些筒灯的尺寸

类型	尺寸
竖螺筒灯	MS-0001* 2"尺寸：ϕ93mm×H105mm、开孔尺寸：ϕ77mm MS-0002* 2(1/2)"尺寸：ϕ102mm×H106mm、开孔尺寸：ϕ84mm MS-0003* 3"尺寸：ϕ116mm×H120mm、开孔尺寸：ϕ93mm MS-0004* 3(1/2)"尺寸：ϕ126mm×H125mm、开孔尺寸：ϕ100mm MS-0005* 4"尺寸：ϕ152mm×H155mm、开孔尺寸：ϕ124mm

（续）

类型	尺　　　寸
直插筒灯	MS-1304* 5" MAX.13W 尺寸 ϕ160mm×H175mm、开孔尺寸：ϕ145mm MS-1305* 6" MAX.18W 尺寸 ϕ190mm×H205mm、开孔尺寸：ϕ175mm
横螺筒灯	MS-2001* 4" 尺寸 ϕ233×L145mm×H100mm、开孔尺寸：ϕ126mm MS-2002* 5" 尺寸 ϕ280×L170mm×H90mm，开孔尺寸：ϕ154mm MS-2003* 6" 尺寸 ϕ310×L190mm×H118mm，开孔尺寸：ϕ174mm MS-2004* 8" 尺寸 ϕ333×L235mm×H125mm，开孔尺寸：ϕ207mm
横插筒灯	MS-3001* 9W 4" 尺寸 ϕ233×L145mm×H100mm，开孔尺寸：ϕ125mm MS-3002* 13W 5" 尺寸 ϕ280×L170mm×H90mm，开孔尺寸：ϕ154mm MS-3003* 13W 6" 尺寸 ϕ310×L190mm×H118mm，开孔尺寸：ϕ174mm MS-3003* 18W 8" 尺寸 ϕ333×L235mm×H125mm，开孔尺寸：ϕ207mm

一般而言，常见竖装标准民用筒灯开孔尺寸、外径尺寸，以及最佳散热下瓦数：

2.5in 筒灯直径 10cm、开孔 8cm、最大安装 5W 节能灯。

3in 筒灯直径 11cm、开孔 9cm、最大安装 7W 节能灯。

3.5in 筒灯直径 12cm、开孔 10cm、最大安装 9W 节能灯。

4in 筒灯直径 14.2cm、开孔 12cm、最大安装 13W 节能灯。

5in 筒灯直径 17.8cm、开孔 15cm、最大安装 18W 节能灯。

6in 筒灯直径 19cm、开孔尺寸 16.5cm、最大安装 26W 节能灯。

2.32　筒灯尺寸与店装公装场所的选择

筒灯尺寸与店装公装场所的选择见表 2-12。

表 2-12　筒灯尺寸与店装公装场所的选择

筒灯尺寸	使用范围	应用场所
2.5in	一般	酒店：楼梯、电梯。 商场：商铺（珠宝、护肤品）
3in	较窄	酒店：大厅、客房走道。 商场：电梯入口、人行走道
4in	广泛	酒店：酒店入口、前台、楼梯、餐厅、走道厕所。 商场：商铺（美食珠宝护肤品鞋品牌店）、外通道、柜台；银行
6in	广泛	酒店：酒店入口、大堂、走道（主要）。 商场：入口、电梯、商铺（美食婚纱眼镜品牌店）、影院
8in	较广	酒店：大堂、入口。 商场：走道、大厅、电梯转角、商铺（珠宝玉器品牌衣服品牌鞋店）

注：1. 相对而言，4in 筒灯、6in 筒灯的使用频率是最高的。使用频率具体顺序如下：4in>6in>8in>2.5in>3in。

2. 以上的数据带有一定的局限性，仅供参考、借鉴。

2.33　筒灯匹配节能灯的规格与功率

筒灯匹配节能灯的规格与功率见表2-13。

表2-13　筒灯匹配节能灯的规格与功率

筒灯灯具规格	匹配典型紧凑型节能灯的规格	匹配典型紧凑型节能灯的功率
3in	2U 管	5~7W
3in	螺旋管	7~12W
3in	插拔管	—
4in	2U 管	7~9W
4in	螺旋管	15W
4in	插拔管	9~10W
5in	2U 管	13W
5in	螺旋管	11~14W
5in	插拔管	10/2*13W
6in	3U 管	13~15W
6in	螺旋管	20W
6in	插拔管	13/2*13W
8in	插拔管	2*18 W

2.34　LED 筒灯功率的选择

LED 筒灯功率的选择参考对照见表2-14。

表2-14　LED 筒灯功率的选择参考对照

尺寸	光源功率
2.5in	2W、3W、4W 等
3in	3W、4W、6W、7W、8W 等
3.5in	3W、5W、6W、8W、9W 等
4in	3W、4W、5W、6W、9W、10W 等
5in	5W、7W、8W、9W、10W、13W、15W 等
6in	7W、8W、9W、10W、12W、13W、15W、21W 等
8in	10W、15W、18W、21W、24W、30W 等

注：功率换算原则为 LED 1W= 节能灯 1.5 ~ 2W（普遍）。

2.35　店装公装筒灯安装间距分布技巧

店装公装筒灯安装间距分布技巧见表2-15。

表 2-15   店装公装筒灯安装间距分布技巧

安装间距	应用场所	说明
0.8~1.0m	酒店前台、酒店电梯、护肤品店、珠宝店、玉器店等	较少
1.2~1.5m	酒店入口、酒店大堂、酒店走道、酒店厕所、商铺（美食店、鞋店、婚纱店、服装店、眼镜店、超市、专卖店、银行）等	比较常见
1.8~2.0m	酒店走道、酒店大堂、酒店入口、酒店楼梯、商场走道、商场大厅、商场入口、商场电梯等	较为常见
2.2~2.5m	酒店入口、酒店客户走道、酒店外走道、酒店楼梯、商场入口、商场外走道、商场美食店、冲印店、银行等	相对较少
3m 以上	酒店外走道等	极少见

2.36   筒灯安装场所的高度要求

店装公装商业照明，多数选择用 4、6in 筒灯。商场的正门外安装高度一般为 8~10m。室内过道、店内天花安装高度多为 3~4m。柜台的安装高度一般为 2~2.5m。

一些筒灯安装场所的高度要求见表 2-16。

表 2-16   一些筒灯安装场所的高度要求

应用场所	安装高度
酒店楼梯、酒店餐厅、酒店前台、酒店客户走道、商铺（护肤品店、珠宝店）等	2.5~3.0m
酒店前台、酒店走道、酒店大厅、商场楼梯、商铺、商场入口（占多数）等	3.3~3.5m
大型商场、商场入口、走廊、酒店大堂、银行外走道等	3.5~4.0m
酒店大堂、商场入口走廊等	7.0~10m

另外，店装公装商业照明筒灯安装间隔没有硬性规律，一般在 1~2m，行间 1.5~2m。店装公装店铺外，多数情况选择冷白光的筒灯，店内多数情况选择暖白光筒灯。也就是多数情况与白色天花板陪衬，则多数情况选择白边筒灯。

2.37   园林公装照明灯具与电设备的布置

园林公装照明灯具与电设备的布置见表 2-17。

表2-17　园林公装照明灯具与电设备的布置

类　　型	解　　说
LED 灯带	（1）采用圆2线，或者扁3线低压 LED，亮度较低，适用于低要求的水池边暗槽、跌水边暗槽等处，亮灯时间一般为 18:00~23:00 （2）采用扁5线高压 LED，亮度较高，适用于建筑立面暗槽造型、台阶底暗槽、重点突出的建筑等处照明。亮灯时间一般为 18:00~23:00
绑树灯	（1）绑树灯，一般安装于树杈上，向下照明地面，或向上照明树冠 （2）绑树灯采用 PAR 或金卤灯光源，适用于茂密乔木的照明 （3）亮灯时间一般为 18:00~23:00
插泥灯	（1）插泥灯采用 50WPAR16、80WPAR38 光源，适用于雕塑、小型植物、建筑立面等立面照明 （2）亮灯时间一般为 18:00~21:00
单向出光草坪灯	（1）单向出光草坪灯，适用于较宽的道路 （2）可以采用 26W 节能灯或 35W 金卤灯光源，提供行人或车道照明 （3）亮灯时间一般为 18:00~6:00，常用灯具间距为 8~10m
功能性壁灯	（1）功能性壁灯，可以采用节能灯光源，适用于架空层内的走道、回廊、活动区等功能性照明。亮灯时间一般为 18:00~6:00 （2）连续排列灯具的间距一般为 8~10m，针对活动区、装饰性等场合根据照明对象来决定
光纤灯带	（1）侧发光的光纤灯带，需要通过连接配置的光纤机出光，适用于水池边、跌水边，亮灯时间一般为 18:00~21:00 （2）尾端发光的光纤灯带，适用于水景出水口、地面光点等场所，亮灯时间一般为 18:00~21:00
户外音箱	（1）户外音箱主要是为行人提供背景音乐 （2）户外音箱有仿植物、仿石、现代等款式 （3）户外音箱一般布置在行人走道的一侧，隐蔽于灌木中 （4）户外音箱安置间距一般大约 25~30 m，遇到较宽道路交叉处或较大活动广场处可以恰当增加布置
环形涌泉灯	（1）环形涌泉灯，可以采用 LED 光源，适用于涌泉（涌高 <600mm）的照明 （2）亮灯时间一般为 18:00~23:00，具体根据涌泉位置来布置灯具
检查井	（1）检查井，是为了方便日后检修、维护而设定的 （2）检查井具体位置，可以根据线路敷设位置、距离来布置
较高灯杆的路灯	（1）较高灯杆的路灯，可以采用 150W 金卤灯光源，适用于交通繁忙的车道照明，亮灯时间一般为 18:00~6:00 （2）灯具间距一般为 15~20 m
接线柱	（1）户外接线柱，是为了户外活动提供临时电源用 （2）需要时，户外接线柱可以安置于户外草坪、户外广场等地方
景观灯	（1）景观灯，根据项目风格、业主喜好来选择，重点考虑其造型、造价 （2）景观灯，可以采用各种光源，主要适用于重要节点、景观区，亮灯时间一般为 18:00~23:00，重点区域可以设置为 18:00~24:00
路灯	（1）高灯杆的路灯，可以采用 150W 金卤灯光源，主要适用于交通繁忙的车道照明 （2）灯具间距一般为 15~20 m

（续）

类　型	解　说
埋地灯	（1）采用 PAR16 高压石英杯光源的埋地灯，主要适用于门柱、小型雕塑、广场、过道、小型建筑立面、景墙等装饰及照明，亮灯时间一般为 18:00~21:00 （2）采用 PAR30 光源的埋地灯，主要适用于小型雕塑照明、小型植物照明，在无灌木地被处安装等，亮灯时间一般为 18:00~21:00 （3）采用 PAR38 光源的埋地灯，主要适用于中型植物照明（3~4m 高），在无灌木地被处安装。亮灯时间一般为 18:00~21:00 （4）采用 75W 的窄光 QR111 光源的埋地灯，主要适用于细长型植物的树干照明。亮灯时间一般为 18:00~21:00 （5）采用 G12 金卤灯光源，聚光反射器配光的埋地灯，主要适用于高大植物、雕塑、建筑柱体等重点照明，在无灌木地被处安装。亮灯时间一般为 18:00~21:00 （6）采用 G12 金卤灯光源，散光反射器配光的埋地灯，主要适用于中型大树冠植物、建筑墙面等泛光照明，在无灌木地被处安装。亮灯时间一般为 18:00~21:00 （7）出光方向为单面或两面的特殊效果埋地灯，是为了制造出特殊的光斑效果，在路面或广场安装。采用 G12 金卤灯光源，温度较高，一般用于车行道路或景观广场等行人不易触及的场所。亮灯时间通常为 18:00~21:00，灯具间距大约 5~8m （8）小型埋地灯，可以采用 LED 光源，主要适用于小型小品、小型景墙等立面照明，亮灯时间一般为 18:00~23:00 （9）采用 G12 金卤灯光源，散光反射器配光的埋地灯，主要适用在预埋深度较浅（200mm 左右），架空层、广场等预埋深度受限的场所中的大树冠植物、建筑墙面泛光照明。在无灌木地被或硬质处安装。亮灯时间一般为 18:00~21:00 （10）散光反射器配光的线型埋地灯，采用荧光灯光源，具有预埋深度浅，光线呈线型等特点。主要适用于架空层、木平台等场所中的中小植物、建筑墙面、景墙等泛光照明。在无灌木地被或硬质处安装。亮灯时间一般为 18:00~21:00
明装水池灯	（1）采用 MR16 石英杯光源的明装水池灯，主要适用于深水（>300mm）池底、深水喷泉、深水跌水、溪流水底等装饰及照明，亮灯时间一般为 18:00~21:00 （2）连续排列时，灯具的间距应在 1m 以上
明装筒灯	（1）明装筒灯，可以采用节能灯光源，主要适用于架空层内无天花处、建筑入口处雨篷天花、回廊天花等处的基本功能照明，安装高度一般在 2.5~4m 范围内，亮灯时间一般为 18:00~6:00 （2）采用金卤灯光源的明装筒灯，主要适用于架空层内无吊顶天花、建筑入口雨篷等处的重点照明，安装高度一般为 3~6m 范围内，亮灯时间一般为 18:00~23:00
明装吸顶灯	明装吸顶灯，可以采用 2D 节能灯光源，主要适用于架空层内无吊顶天花处的基本功能照明，安装高度一般为 2.5~4m 范围内，亮灯时间一般为 18:00~6:00
配电箱	配电箱，一般根据具体回路数量、电器设备配置进行安装
嵌入式光点	小型水底嵌入式光点，可以采用 LED 光源，主要适用于浅水池底的点缀照明，亮灯时间通常为 18:00~23:00，灯具位置沿现场位置确定，间距约为 0.5~2m

（续）

类　型	解　说
嵌装射灯	嵌装射灯，可以采用石英杯光源，主要适用于架空层内有天花处的雕塑、挂画等重点照明，安装高度一般为2.5~4m范围内，亮灯时间一般为18:00~23:00
嵌装水池灯	（1）采用3W LED光源的嵌装水池灯，主要适用于小型游泳池（嵌装于泳池壁）、浅水（<80mm）池底、小型跌水、小型喷泉等装饰及照明，亮灯时间一般为18:00~23:00。连续排列时，灯具的间距应在1m以上 （2）采用PAR56光源的嵌装水池灯，主要适用于大型游泳池（嵌装于泳池壁）、高大喷泉等装饰及照明，亮灯时间一般为18:00~21:00，连续排列时，灯具的间距应在2m以上
嵌装水池灯	嵌装水池灯，可以采用3W LED光源，主要适用于小型游泳池（嵌装于泳池壁）、浅水（<80mm）池底、小型跌水、小型喷泉等装饰及照明。连续排列时，灯具的间距应在1m以上
嵌装筒灯	嵌装筒灯，可以采用节能灯光源，主要适用于架空层内有吊顶天花处的基本功能照明，安装高度一般为2.5~4m范围内，亮灯时间一般为18:00~6:00
墙角灯、阶梯灯	（1）墙角灯、阶梯灯，可以采用7W节能灯与1W LED光源，主要适用于墙角、花坛边、阶梯等处的人行照明，亮灯时间一般为18:00~6:00，灯具的间距一般为1~3m （2）采用18W节能灯光源的墙角灯、阶梯灯，主要适用于不便安装其他灯具的道路照明，亮灯时间一般为18:00~6:00，灯具的间距一般为3~5m
四面出光草坪灯	（1）根据项目风格、业主喜好选择不同外观的草坪灯，一般根据地被植物高度选择灯具高度 （2）采用18W节能灯光源的草坪灯，主要适用于各种花园庭园、人行道、小径照明。提供行人夜间照明，亮灯时间一般为18:00~6:00。灯具越矮，间距越密，常用灯具一般为6~8m
庭院灯	（1）庭院灯，需要根据项目风格、业主喜好选择不同的外观 （2）采用70W金卤灯光源的庭院灯，主要适用于活动庭园、较宽人行道、小区内车道照明，亮灯时间一般为18:00~23:00，重点区域可设置为18:00~6:00。灯具间距一般为10~15m
投光灯	（1）宽光、中光、窄光投光灯，可以采用金卤灯光源，主要适用于广告牌、建筑物外立面、广场、园林、桥梁、运动场所等处的大面积照明，亮灯时间一般为18:00~21:00 （2）线型投光灯、洗墙灯，可以采用T5荧光灯或LED光源，主要适用于过道、小型建筑立面、墙脚等装饰及照明，亮灯时间一般为18:00~23:00
小型埋地光点	小型埋地光点，可以采用LED光源，主要适用于广场、道路的点缀照明，亮灯时间一般为18:00~23:00，灯具间距一般为0.5~2m
装饰性壁灯	装饰性壁灯，可以采用金卤灯、节能灯、MR16等光源，主要适用于门柱、墙面等装饰照明，亮灯时间一般为18:00~23:00

2.38　灯头灯座

常见的灯具灯头有MR16、GU10、E14、B22、E27等。一些常见的灯头　类型如图2-31所示。

常用灯头型号汇总

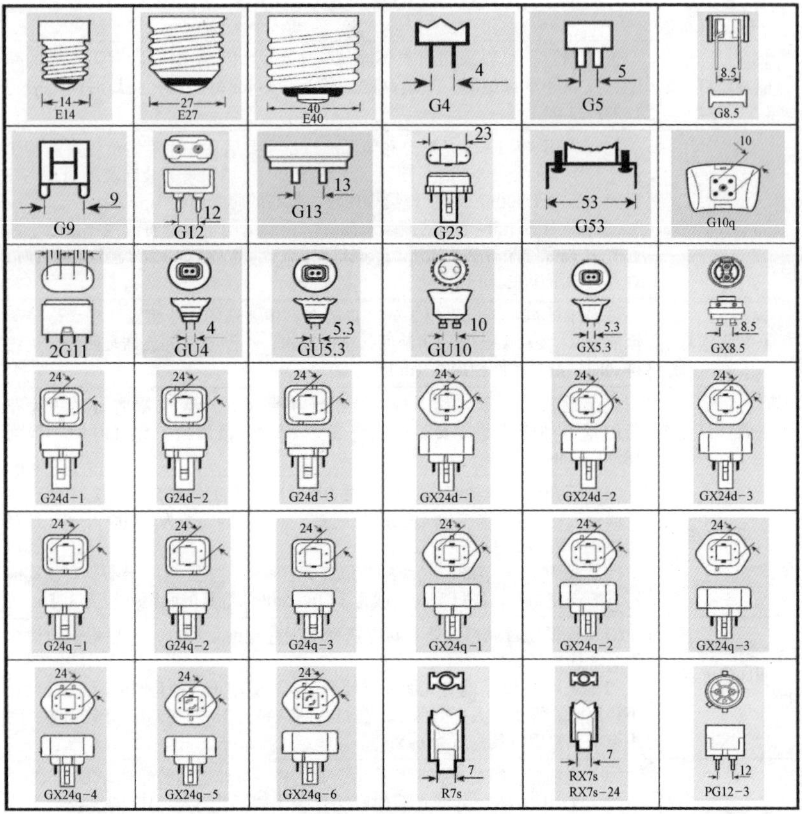

图 2-31　常见的灯头类型

灯头灯座的完整符号采用的形式见表 2-18。

表 2-18　灯头灯座的完整符号采用的形式

灯头符号：(a)(b)(c)-(d)/(e)×(f) 灯座符号：(a)(b)(c)-(d)	
符号的（a）部分	符号的（a）部分，一般是由一个或一个以上的大写字母组成，表示灯头的类型。下述各字母虽然表示灯头，但是，对于灯座，它们也有类似的意义，具体如下： B——卡口灯头 BA——卡口灯头，最初用于汽车灯 BM——矿灯用卡口灯头 E——（爱迪生）螺口灯头 F——带一个触点的灯头

（续）

灯头符号：(a)(b)(c)-(d)/(e)×(f) 灯座符号：(a)(b)(c)-(d)		
符号的（b）部分	符号的（b）部分，一般由数字构成，表示灯头主要尺寸的近似值，单位一般是 mm。该符号数字与对应的基本字母的含义如下： B、BA、BM、K、S、SV 后面的数字——表示外壳的直径 E 后面的数字——表示螺纹的牙顶直径 F 后面的数字——表示触点的直径或其他类似的尺寸 G 后面的数字——表示两插脚的中心间的距离。对于两个以上的插脚，则表示各插脚中心所在圆周的直径 P 后面的数字——表示用来将灯横向定位的那个部件的最重要尺寸 R 后面的数字——表示对灯头在灯座中的匹配安装来说是必不可少的那种绝缘部件的最大横向尺寸 T 后面的数字——表示两触片外部间的宽度 W 后面的数字——表示灯端上封有引线的玻璃 举例： G13——表示两插脚间的距离大约为 13mm 的双插脚灯头	
符号的（c）部分	符号的（c）部分，一般由小写字母构成，表示触点、触片、插脚或挠性连接件的数量。一些字母的含义如下： s——表示 1 个触点 d——表示 2 个触点 t——表示 3 个触点 q——表示 4 个触点 p——表示 5 个触点 说明：灯头的外壳不应视为是触点 举例： E26d——表示具有两个底部触点的 E26 型灯头	
符号带有（d）部分	符号带有（d）部分，一般由前面连字符（-）的数字构成，该部分表示对互换性而言十分重要的附加部件	
符号的（e）部分	符号的（e）部分，一般由前面带有斜线（|）的数字构成，表示灯头总长度的近似值，单位为 mm。该长度包括凸出的绝缘材料，但是不包括触点或插脚的长度 举例： B15/d19——表示总长度大约为 19mm 的 B15d 灯头 SV 型（装饰灯用）灯头的长度，是指从圆锥形外壳直径 3.5mm 处到灯头开口端的距离	
符号的（f）部分由	符号的（f）部分，一般由表示灯头外壳的敞口端或带裙边一端的外径的近似值的数字构成。位于（f）处的数字之前标有乘号（×），该数字表示裙边不包括喇叭口的外径近似值或开口端的内径，单位为 mm 举例： B22d/25×26——表示总长度大约为 25mm，裙边外径为 26mm 的 B22 灯头	

其他符号与其含义如下：

B22D-3(90•/135•)/25×26——是 指带有两触片，直径大约为 22mm 的卡口灯头。其还带有三个定位销钉，其径向分布角度分别为 90°、135°、135°。总长度大约为 25mm，裙边直径大约为 26mm。

BAY15d/19——是指带偏置定位销钉（直径大约为 15mm），有两个触片的（汽车用）卡口灯头，其总长度大约为 19mm。

EP10/14×11——螺纹牙顶直径为 10mm 的预聚焦式螺口灯头，其总长度大约为 14mm，裙边直径大约为 11mm。

K59d/80×63——是指带两个挠性连接件的，外壳直径大约为 59mm 的灯头，其外壳总长度大约为 80mm，裙边直径大约为 63mm。

R17d/80×63——是指绝缘体的最大横向尺寸大约为 17mm 的凹式双触点灯头，外壳高度大约为 10mm，外壳直径大约为 35mm。

SV8.5-8——是指外壳为圆锥形，其末端直径大约为 8.5mm 的外壳式灯头，从圆锥体直径 3.5mm 处到外壳开口末端测得的外壳长度大约为 8mm。

T6.8——是指两触片的外侧间的宽度大约为 6.8mm 的电话用灯头。

EX10/13——是指对漏电距离有附加要求的螺口灯头，其牙顶螺纹的直径大约为 10mm，总长度大约为 13mm。

常见灯座符号与其含义如下：

B22——B 表示插口，字母后的数字表示接口直径为 22mm 的灯头有两根凸起卡笋，用于卡入 B22 灯具接口。

E14、E27——E 表示螺口灯座，字母后的数字表示接口直径尺寸（cm）。E14 也就是 14mm 螺口灯座。E27 也就是 27mm 螺口灯头。

GU10——G 表示灯座类型是插入式，U 表示灯头部分呈现 U 字形，后面数字表示灯脚孔中心距为 10mm。GU10 是 GU 系列最常见的一种。

MR16——MR16 是指最大外径为 2in 的带多面反射罩的灯具。MR 是 Multifaceted(Mirror) Reflector 的缩写，意思是一种由多个反射面组合成的反射器。数字表示灯泡最大外形的尺寸，为 1/8in 的倍数。平时常见的灯杯、射灯大多数都采用该灯座，多数低压（12V、24V、36V 等）灯具也采用 MR16 灯座。

2.39 荧光灯灯管的规格与尺寸

目前，常用的有 T8、T5、T4 等规格灯管。其中，T 代表 Tube，表示是管状的，具体就是灯管的直径。灯管的规格与直径尺寸如下：

T10 灯管的直径——31.8mm。

T12 灯管的直径——38.1mm。

T2 灯管的直径——6.4mm。

T3.5 灯管的直径——11.1mm。

T4 灯管的直径——12.7mm。

T5 灯管的直径——16mm。

T8 灯管的直径——25.4mm。

灯管的规格与宽度、高度尺寸如下：

T4 灯管统一宽度为 21mm、高度为 32mm。

T5 灯管统一宽度为 23.5mm、高度为 39mm。

T8 灯管统一宽度为 39mm、高度为 52mm。

荧光灯的灯头主要为 G5、G13 等。荧光灯长度与功率对照如下：

T4 灯管——8W 长 341mm；12W

长 443mm；16W 长 487mm；20W 长 534mm；22W 长 734mm；24W 长 874mm；26W 长 1025mm；28W 长 1172mm。

T5 灯管——8W 长 310mm；14W 长 570mm；21W 长 870.5mm；28W 长 1170.5mm；35W 长 1475mm。

T8 灯管——20W 长 620mm；30W 长 926mm；40W 长 1230mm。

标准荧光灯管长度见表 2-19。

表 2-19　标准荧光灯管长度

型号	管外直径 ϕ	管长度 /mm	配两边灯头尺寸 / mm	灯头带针总尺寸 / mm
T10-2400	30	2396	2398	2414
T10-1800	30	1796	1798	1814
T10-1500	30	1496	1498	1514
T10-1200	30	1196	1198	1213
T10-900	30	892	894	908
T10-600	30	586（或者 563）	588	604
T9-1500	26	1494	1498	1514
T9-1200	26	1194	1198	1213
T9-900	26	890	894	908
T9-600	26	584	588	604
T8-1500	24	1494	1498	1514
T8-1200	24	1194	1198	1213
T8-900	24	890（或者 880）	894	908
T8-600	24	584（或者 574）	588	604
T8-450	24	433	437	451
T8-350	24	327	331	345
T6-1500	19	1492	1498	1514
T6-1200	19	1192	1198	1213
T6-900	19	888	894	908
T6-600	19	582	588	604
T5-1500	15	1440	1446	1460
T5-1200	15	1140	1146	1160
T5-900	15	840	846	860
T5-600	15	540	546	560
T5-530	15	510	516	530
T5-300	15	282	288	302
T5-230	15	206	212	226
T5-150	15	129	135	150

LED 灯管与传统的荧光灯在外形尺寸口径上都一样，长度常见的有 60cm、120cm、150cm、180cm、240cm 等；功率常见的有 9W、10W、12W、16W、18W、20W、22W、27W、30W、32W 等

一些 LED 灯管常用规格如下：

60cm 灯管——ϕ 26mm * 600mm。

90cm 灯管——ϕ 26mm * 900mm。

120cm 灯管——ϕ 26mm * 1200mm。

150cm 灯管——ϕ 26mm * 1500mm。

20W 传统荧光灯实际耗电大约为 53W；40W 传统荧光灯实际耗电大约为 68W。9W 的 LED 灯管亮度要比 18W 传统荧光灯亮度要亮。18W 的 LED 灯管亮度要比传统 40W 荧光灯还要亮。

T8/T5 直管荧光灯的比较如图 2-32 所示。

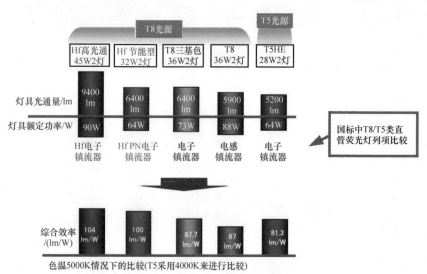

图 2-32 T8/T5 直管荧光灯的比较

2.40 镀锌管

镀锌管，又称为镀锌钢管，其分为热镀锌管、电镀锌管。热镀锌管镀锌层厚，具有镀层均匀，附着力强等优点。电镀锌管成本低，表面不是很光滑，其本身的耐腐蚀性比热镀锌管差很多。目前，电镀锌管已被禁用。

现在，镀锌管主要用于输送煤气、暖气。镀锌管作为水管，使用几年后，管内产生大量锈垢，流出的黄水不仅污染洁具，而且夹杂着不光滑内壁滋生的细菌；锈蚀造成水中重金属含量过高，严重危害人体的健康。目前，镀锌管禁用作水管。店装公装一些临时性水管，可以安装该管，如图 2-33 所示。

图 2-33 镀锌管的临时性应用

镀锌管理论重量公式如下：

（直径 - 壁厚）× 壁厚 × 0.02466 × 1.0599= 每米重量（kg/m）

镀锌管的尺寸规格见表 2-20。

表 2-20 镀锌管的尺寸规格

公称内径	in	外径 / mm	壁厚 / mm	最小壁厚 / mm	米重 / kg	根重 /kg	米重 /kg	根重 /kg
DN15 镀锌管	1/2	21.3	2.8	2.45	1.28	7.68	1.357	8.14
DN20 镀锌管	3/4	26.9	2.8	2.45	1.66	9.96	1.76	10.56
DN25 镀锌管	1	33.7	3.2	2.8	2.41	14.46	2.554	15.32
DN32 镀锌管	1.25	42.4	3.5	3.06	3.36	20.16	3.56	21.36
DN40 镀锌管	1.5	48.3	3.5	3.06	3.87	23.22	4.10	24.60
DN50 镀锌管	2	60.3	3.8	3.325	5.29	31.74	5.607	33.64
DN65 镀锌管	2.5	76.1	4.0	3.5	7.11	42.66	7.536	45.21
DN80 镀锌管	3	88.9	4.0		8.38	50.28	8.88	53.28
DN100 镀锌管	4	114.3	4.0		10.88	65.28	11.53	69.18

2.41 PVC 电线管

PVC 电线管可以分为轻型 PVC 电线管（即薄型 PVC 电线管）、中型 PVC 电线管（即管壁中厚型 PVC 电线管）、重型 PVC 电线管（管壁加厚型 PVC 电线管）。其中：

轻型 PVC 电线管——质轻、强度差、不耐压，家居装饰装修中一般不采用，但是可以用于吊顶棚内敷设。

中型 PVC 电线管——价廉、质量一般、强度一般，可以用于墙体内、混凝土内、地坪内敷设。家居装饰装修中采用该类型的管比较多。

重型 PVC 电线管——价格高、强度大、耐压好、质量好，可以用于有重力作用的场所地坪内、混凝土内敷设。家居装饰装修中采用该类型的管比较不经济，因此一般不采用。

选择 PVC 电线管一定要选择电工专用阻燃的 PVC 管，并且管壁厚度不能够太薄，图例如图 2-34 所示。

图 2-34　PVC 电线管的应用

一些 PVC 电线管的特点、参数见表 2-21。

表 2-21　一些 PVC 电线管的特点、参数

型号与规格	管壁厚 /mm	外径 /mm	内径 /mm
PVC-016	1.8	16	12.4
PVC-019	2.0	19	15
PVC-025	2.2	25	20.6
PVC-032	2.5	32	27
PVC-040	3.0	40	34
PVC-050	3.2	50	43.5

2.42 PPR 管材规格

PPR 管材规格如图 2-35 所示。

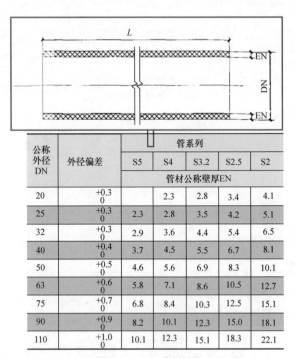

公称外径 DN	外径偏差	管系列				
		S5	S4	S3.2	S2.5	S2
		管材公称壁厚EN				
20	+0.3 0		2.3	2.8	3.4	4.1
25	+0.3 0	2.3	2.8	3.5	4.2	5.1
32	+0.3 0	2.9	3.6	4.4	5.4	6.5
40	+0.4 0	3.7	4.5	5.5	6.7	8.1
50	+0.5 0	4.6	5.6	6.9	8.3	10.1
63	+0.6 0	5.8	7.1	8.6	10.5	12.7
75	+0.7 0	6.8	8.4	10.3	12.5	15.1
90	+0.9 0	8.2	10.1	12.3	15.0	18.1
110	+1.0 0	10.1	12.3	15.1	18.3	22.1

图 2-35 PPR 管材规格

2.43 内肋增强聚乙烯 (PE) 螺旋波纹管规格

内肋增强聚乙烯 (PE) 螺旋波纹管规格见表 2-22。

表 2-22 内肋增强聚乙烯（PE）螺旋波纹管规格

公称直径 （DN/ID）/mm	最小平均内径 （Dim min）/mm	最小内层壁厚 （E5 min）/mm	最小平均外径 （EC min）/mm
200	195	1.2	234.0
225	220	1.4	263.3
300	294	1.8	351.0
400	392	2.4	468.0
500	490	3.0	585.0
600	588	3.6	702.0
700	673	4.2	819.0
800	785	4.8	936.0
900	885	5.4	1053.0
1000	985	6.0	1170.0

（续）

公称直径 （DN/ID）/mm	最小平均内径 （Dim min）/mm	最小内层壁厚 （E5 min）/mm	最小平均外径 （EC min）/mm
1100	1085	6.6	1287.0
1200	1185	7.2	1404.0
1300	1285	7.8	1521.0
1400	1385	8.4	1638.0
1500	1485	9.0	1755.0
1600	1585	9.6	1872.0
1700	1685	10.2	1989.0
1800	1785	10.8	2106.0
1900	1885	11.4	2223.0
2000	1985	12.0	2240.0
2100	2085	12.5	2478.0
2200	2185	13.2	2596.0

2.44 PE-X 管材规格

PE-X 管材规格如图 2-36 所示。

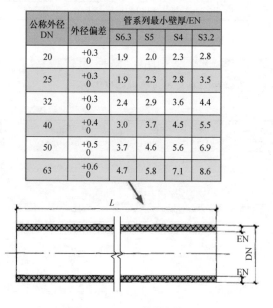

图 2-36 PE-X 管材规格

2.45 PE 管材规格

PE 管材规格如图 2-37 所示。

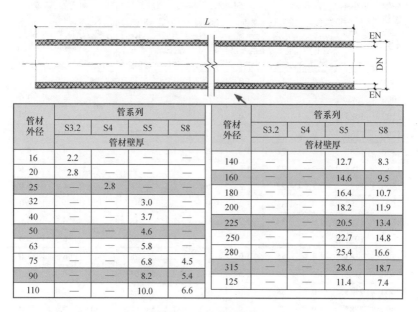

管材外径	管系列				管材外径	管系列			
	S3.2	S4	S5	S8		S3.2	S4	S5	S8
	管材壁厚					管材壁厚			
16	2.2	—	—	—	140	—	—	12.7	8.3
20	2.8	—	—	—	160	—	—	14.6	9.5
25	—	2.8	—	—	180	—	—	16.4	10.7
32	—	—	3.0	—	200	—	—	18.2	11.9
40	—	—	3.7	—	225	—	—	20.5	13.4
50	—	—	4.6	—	250	—	—	22.7	14.8
63	—	—	5.8	—	280	—	—	25.4	16.6
75	—	—	6.8	4.5	315	—	—	28.6	18.7
90	—	—	8.2	5.4	125	—	—	11.4	7.4
110	—	—	10.0	6.6					

图 2-37　PE 管材规格

2.46 HDPE 双平壁钢塑复合管的规格

HDPE 双平壁钢塑复合管的规格见表 2-23。

表 2-23　HDPE 双平壁钢塑复合管的规格　　　单位：mm

公称直径（DN/1D）	最小平均内径 Dim，min	环刚度与钢带参数						钢带螺距	最小内层壁厚 E_1，min	最小内层壁厚 E_2，min
		SN8		SN12.5		SN16				
		带钢最小厚度 E_3，min	带钢最小高度 E_4，min	带钢最小厚度 E_3，min	带钢最小高度 E_4，min	带钢最小厚度 E_3，min	带钢最小高度 E_4，min			
300	294	0.4	8	0.4	10	0.4	10	40	2.2	2.0
400	392	0.4	8	0.4	10	0.5	10		2.2	2.0
500	490	0.6	14	0.7	14	0.8	14	60	3.0	2.0
600	588	0.7	14	0.8	14	0.9	14		3.0	2.5
700	685	0.8	14	0.9	14	1.0	20	70	3.0	2.5
800	785	0.9	18	1.0	18	1.0	20		3.0	3.0

（续）

公称直径（DN/1D）	最小平均内径 Dim, min	环刚度与钢带参数						钢带螺距	最小内层壁厚 E_1, min	最小内层壁厚 E_2, min
		SN8		SN12.5		SN16				
		带钢最小厚度 E_3, min	带钢最小高度 E_4, min	带钢最小厚度 E_3, min	带钢最小高度 E_4, min	带钢最小厚度 E_3, min	带钢最小高度 E_4, min			
900	885	1.0	18	1.0	20	1.0	22	80	4.0	3.0
1000	985	1.0	20	1.0	22	1.2	22		4.0	3.0
1100	1085	1.0	20	1.0	22	1.2	22		4.0	4.0
1200	1185	1.0	22	1.2	22	1.2	24		4.0	3.0
1300	1285	1.0	22	1.0	22	1.2	24	100	4.0	4.0
1400	1385	1.2	22	1.2	24	1.2	26		4.0	4.0
1500	1485	1.2	22	1.0	26	1.2	28		4.0	4.0
1600	1585	1.0	33	1.0	36	1.2	3838		4.0	4.0
1800	1785	1.0	36	1.2	36	1.0	38	120	6.5	4.0
2000	1985	1.0	43	1.0	44	1.2	46		6.5	4.0
2200	2185	1.0	46	1.0	48	1.2	48	140	6.5	4.0
2400	2385	1.0	56	1.0	58	1.2	61		6.5	5.0
2600	2585	1.0	58	1.0	61	1.0	63		7.0	5.0
2800	2785	1.0	73	1.0	76	1.2	78	160	7.0	5.0
3000	2985	1.0	73	1.2	76	1.2	78		7.0	5.0

2.47 阀门的试验要求

给水、排水及采暖工程所使用阀门的强度与严密性试验，需要符合以下规定：阀门的强度试验压力为公称压力的 1.5 倍；严密性试验压力为公称压力的 1.1 倍；试验压力在试验持续时间内应保持不变，并且壳体填料及阀瓣密封面无渗漏。

阀门试压的试验持续时间，需要不少于表 2-24 的规定。

表 2-24　阀门试验持续时间

公称直径 DN/mm	最短试验持续时间 /s		
	严密性试验		强度试验
	金属密封	非金属密封	
≤ 50	15	15	15
65~200	30	15	60
250~450	60	30	180

阀门安装前，需要作强度、严密性试验。试验需要在每批（同牌号、同型号、同规格）数量中抽查10%，且不少于一个。对于安装在主干管上起切断作用的闭路阀门，需要逐个作强度、严密性试验。

卫生洁具及暖气管道用直角阀型号命名规律如图2-38所示。

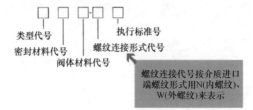

类型代号
密封材料代号
阀体材料代号
螺纹连接形式代号
执行标准号

螺纹连接代号按介质进口端螺纹形式用N(内螺纹)、W(外螺纹)来表示

产品类型代号

产品类型	卫生洁具直角阀	暖气管道直角阀
代号	JW	JN

密封材料代号

密封材料	铜合金	橡胶	尼成塑料	氟塑料	合金钢	陶瓷	其他
代号	T	X	N	F	H	C	Q

阀体材料代号

阀体材料	铜合金	不锈钢	铸铁	塑料	其他
代号	T	B	Z	S	Q

使用条件

产品类型	公称尺寸	公称压力/MPa	介质	介质温度/℃
卫生洁具直角阀	DN15、DN20、DN25	1.0	冷、热水	≤90
暖气管道直角阀	DN15、DN20、DN25	1.6	暖气	≤150

图2-38 卫生洁具及暖气管道用直角阀型号命名规律

水管（大外径）与阀门口径（接口）的对照见表2-25。

表2-25 水管（大外径）与阀门口径（接口）的对照

匹配管子外径	大外径系列外径	小外径系列外径	匹配管子外径	大外径系列外径	小外径系列外径
DN15	φ22	φ18	DN125	φ140	φ133
DN20	φ27	φ25	DN150	φ168	φ159
DN25	φ34	φ32	DN200	φ219	φ219
DN32	φ42	φ38	DN250	φ273	φ273
DN40	φ48	φ45	DN300	φ324	φ325

（续）

匹配管子 外径	大外径系列 外径	小外径系列 外径	匹配管子 外径	大外径系列 外径	小外径系列 外径
DN50	φ60	φ57	DN350	φ356	φ377
DN65	φ76	φ73	DN400	φ406	φ426
DN80	φ89	φ89	DN450	φ457	φ480
DN100	φ114	φ108	DN500	φ508	φ530

说明：DN（公称直径）单位为 mm。管子外径 φ 单位为 mm。磅级阀门用 NPS 表示，单位为 in。

2:48 卫生设备常见尺寸

卫生设备常见参考尺寸如图 2-39 所示。

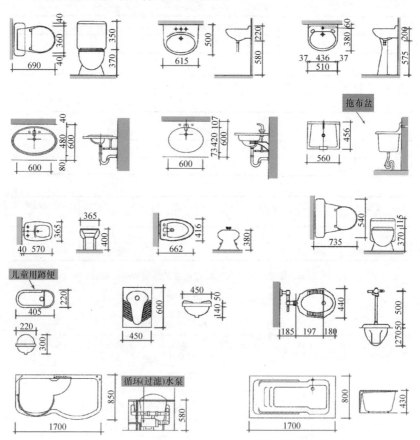

图 2-39 卫生设备常见参考尺寸（单位：mm）

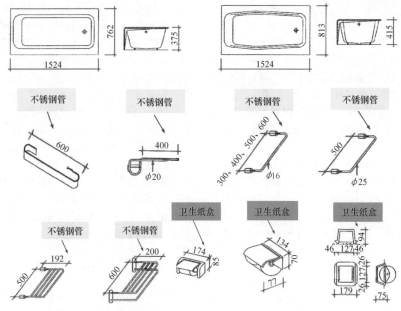

图 2-39　卫生设备常见参考尺寸（单位：mm）（续）

2.49　玻璃胶

　　玻璃胶本质上属于密封胶，主要作用是密封、接缝、堵缝。玻璃胶的图例如图 2-40 所示。

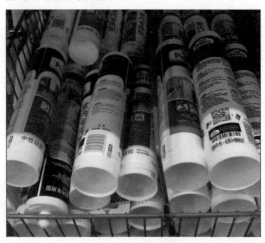

图 2-40　玻璃胶的图例

玻璃胶的种类多，一些玻璃胶的特点与应用如下：

（1）中性硅酮密封胶——中性硅酮密封胶是一种单组分、多用途的室温中性固化硅酮密封胶，具有黏结强度高、低异味、无腐蚀、固化速度快、耐候抗老化、良好的弹性等优点。应用范围为室内外门窗框、瓷砖、玻璃、金属、混凝土等。

（2）中性高效防霉硅酮密封胶——中性高效防霉硅酮密封胶是一种单组分、中性室温固化的高性能有机硅密封胶，是专门针对厨房、卫浴而设计的。其具有优越的耐候抗老化性能、固化速度快、黏结强度高、防水密封性能好、良好的弹性、能够在高温和高湿环境下抑制霉菌生长等优点。应用范围为厨房等潮湿、易霉变区域及玻璃、卫生间、浴室、冲淋房、瓷砖等结合处密封。

（3）酸性硅酮密封胶——酸性硅酮密封胶是一种单组分、多用途的室温酸性固化硅酮密封胶，具有固化速度快、密封防水性能好、黏结性能好、耐高低温和耐久性、良好的弹性和柔韧性等优点。应用范围为普通玻璃装配、铝合金材料和木材等的接口密封 / 黏结 / 修补等应用。

第 3 章

识图看图不求人

电能表

图形符号

3.1 平面图

平面图的产生原理与特点如图 3-1 所示。

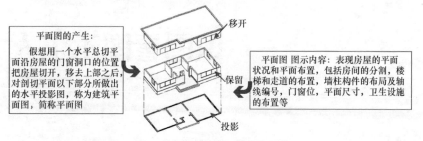

平面图的产生:

假想用一个水平总切平面沿房屋的门窗洞口的位置把房屋切割，移去上部之后，对剖切平面以下部分所做出的水平投影图，称为建筑平面图，简称平面图

平面图 图示内容：表现房屋的平面状况和平面布置，包括房间的分割，楼梯和走道的布置，墙柱构件的布局及轴线编号，门窗位，平面尺寸，卫生设施的布置等

移开
保留
投影

图 3-1 平面图的产生原理与特点

店装公装平面图中常见的建筑图例如图 3-2 所示。

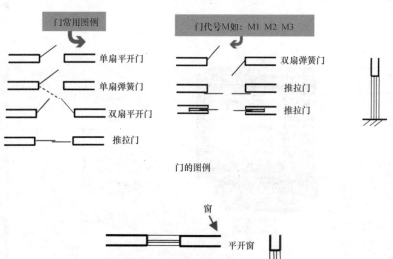

门常用图例

单扇平开门
单扇弹簧门
双扇平开门
推拉门

门代号M如：M1 M2 M3

双扇弹簧门
推拉门
推拉门

门的图例

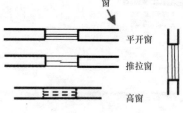

窗

平开窗
推拉窗
高窗

窗户的图例

图 3-2 平面图中常见的建筑图例

3.2 电能表与其符号

电能表与其符号如图 3-3 所示。

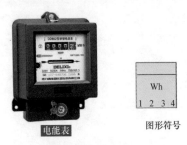

图形符号

电能表

图 3-3 电能表与其符号

3.3 断路器与其符号

断路器与其符号如图 3-4 所示。

单极空
气开关   符号   两极空
                          气开关   符号

图 3-4 断路器与其符号

3.4 开关与其符号

开关与其符号如图 3-5 所示。

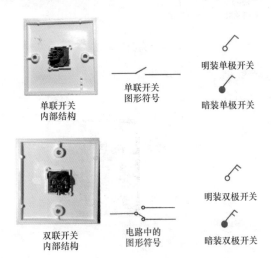

单联开关
内部结构

单联开关
图形符号

明装单极开关

暗装单极开关

双联开关
内部结构

电路中的
图形符号

明装双极开关

暗装双极开关

图 3-5 开关与其符号

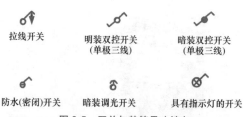

拉线开关　　　　　明装双控开关　　　　暗装双控开关
　　　　　　　　　（单极三线）　　　　（单极三线）

防水(密闭)开关　　暗装调光开关　　　　具有指示灯的开关

图 3-5　开关与其符号（续）

3.5　灯具与其符号

灯具与其符号如图 3-6 所示。

灯　　　　　　　　电路中符号

一般照明灯具　　花灯　　　单管荧光灯　双管荧光灯　三管荧光灯　自带电源　　专用线路
　　　　　　　　　　　　　　　　　　　　　　　　　　　　　　　　事故照明灯　事故照明灯

防水防尘灯　　　壁灯　　　球形灯　　　花灯　　　嵌入式筒灯　普通灯　　　天棚灯

安全出口　　　　双向疏散　单向疏散
标志灯　　　　　指示灯　　指示灯

图 3-6　灯具与其符号

3.6　插座与其符号

插座与其符号如图 3-7 所示。

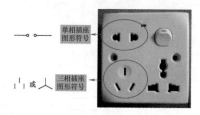

单相插座
图形符号

三相插座
图形符号

图 3-7　插座与其符号

一般店装公装插座符号与其规格、安装高度见表3-1。

表 3-1　一般店装公装插座符号与其规格、安装高度

符号	名称	规格	方式与高度	
	二、三极安全插座	250V 10A	暗装 距地	0.35m
	三级插座（抽油烟机）	250V 16A	暗装 距地	2.0m
	三极带开关插座（洗衣机）	250V 16A	暗装 距地	1.3m
	二、三极安全插座（厨房）	250V 16A	暗装 距地	1.1m
	三极带开关插座（冰箱）	250V 16A	暗装 距地	0.35m
	二、三极密闭防水插座	250V 16A	暗装 距地	1.3m
	壁挂空调三极插座	250V 16A	暗装 距地	1.80m
	三极插座（热水器）	250V 16A	暗装 距地	1.80m
	立式空调三极插座	250V 16A	暗装 距地	1.3m

3.7　给水排水专业所用仪表符号

给水排水专业所用仪表符号见表3-2。

表 3-2　给水排水专业所用仪表符号

名称	符号图例	名称	符号图例
温度计		水表	
压力表		自动记录流量计	
自动记录压力表		转子流量计	
压力控制器		真空表	
温度传感器	T	酸传感器	H
压力传感器	P	碱传感器	Na
pH 值传感器	pH	余氯传感器	Cl

3.8 阀门符号

阀门符号如图 3-8 所示。

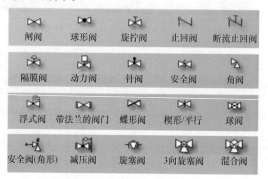

图 3-8 阀门符号

3.9 管道类别符号

管道类别符号见表 3-3。

表 3-3 管道类别符号

名　　称	符号图例	名　　称	符号图例
生活给水管	—— J ——	循环给水管	—— XJ ——
生活冷水管	—— J ——	循环回水管	—— Xh ——
热水给水管	—— RJ ——	热媒给水管	—— RM ——
热水回水管	—— RH ——	热媒回水管	—— RMH ——
中水给水管	—— ZJ ——	蒸汽管	—— Z ——
凝结水管	—— N ——	压力污水管	—— YW ——
废水管	—— F ——	雨水管	—— Y ——
压力废水管	—— YF ——	压力雨水管	—— YY ——
通气管	—— T ——	膨胀管	—— PZ ——
污水管	—— W ——	保温管	～～～～
多孔管	〰〰〰	空调凝结水管	—— KN ——
地沟管	═══	排水明沟	坡向 ——→
防护套管	▭	排水暗沟	坡向 ——→
管道立管	XL-1 平面　XL-1 系统	伴热管	————

3.10 管道附件符号

管道附件符号见表 3-4。

表 3-4 管道附件符号

名　称	符号图例	名　称	符号图例
套管伸缩器		管道固定支架	
方形伸缩器		管道滑动支架	
刚性防水套管		立管检查口	
柔性防水套管		清扫口	平面　系统
波纹管		通气帽	成品　铅丝球
可曲挠橡胶接头		雨水斗	YD-　YD- 平面　系统
排水漏斗	平面　系统	减压孔板	
圆形地漏	通用。如为无水封，地漏应加存水弯	Y形除污器	
方形地漏		毛发聚集器	平面　系统
自动冲洗水箱		防回流污染止回阀	
挡墩		吸气阀	

3.11 管件符号

管件符号见表3-5。

表 3-5 管件符号

名　称	符号图例	名　称	符号图例
偏心异径管		短管	
异径管		存水弯	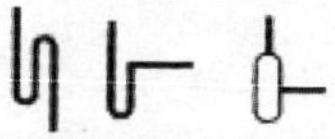
乙字管		弯头	
喇叭口		正三通	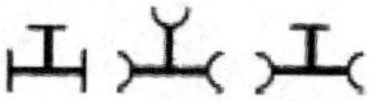
转动接头		斜三通	
斜四通	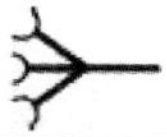	正四通	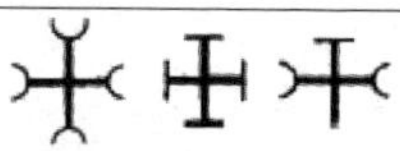
浴盆排水件			

3.12 给水配件符号

给水配件符号见表3-6。

表 3-6 给水配件符号

名　称	符号图例	名　称	符号图例
放水龙头	 左侧为平面，右侧为系统	混合水龙头	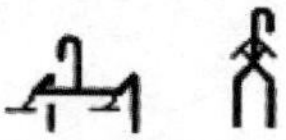
皮带龙头	左侧为平面，右侧为系统	旋转水龙头	
洒水(栓)龙头		浴盆带喷头混合水龙头	
化验龙头	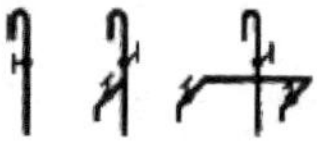	脚踏开关	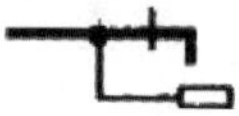
肘式龙头	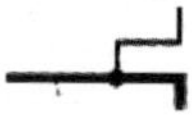		

3.13 给水排水设备符号

给水排水设备符号见表 3-7。

表 3-7 给水排水设备符号

名 称	符号图例	名 称	符号图例
水泵	平面 系统	立式热交换器	
潜水泵		快速管式热交换器	
定量泵		开水器	
管道泵		喷射器	小三角为进水端
卧式热交换器		除垢器	
水锤消除器		搅拌器	
浮球液位器			

3.14 小型给水排水构筑物符号

小型给水排水构筑物符号见表 3-8。

表3-8 小型给水排水构筑物符号

名　　称	符号图例	名　　称	符号图例
矩形化粪池	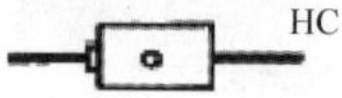 HC HC 为化粪池代号	降温池	 JC JC 为降温池代号
圆形化粪池	 HC	中和池	 ZC ZC 为中和池代号
隔油池	 YC YC 为除油池代号	雨水口——单口	
沉淀池	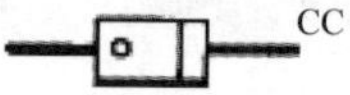 CC CC 为沉淀池代号	阀门井检查井	
雨水口——双口		水表井	
水封井		跌水井	

3.15 管道连接符号

管道连接符号见表3-9。

表3-9 管道连接符号

名　　称	符号图例	名　　称	符号图例
法兰连接		三通连接	
承插连接		四通连接	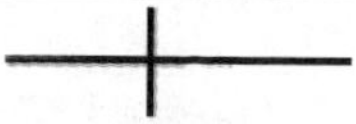
活接头		盲板	
管堵		管道丁字上接	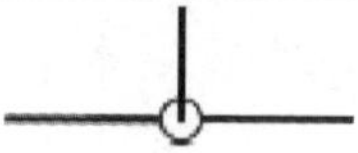
法兰堵盖		管道丁字下接	
弯折管	 表示管道向后及向下弯转90°	管道交叉	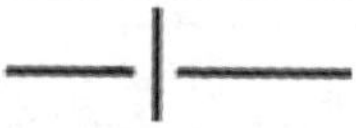 在下方和后面的管道应断开

3.16 消防设施符号

消防设施符号见表 3-10。

表 3-10 消防设施符号

名 称	符号图例	名 称	符号图例
消火栓给水管	—— XH ——	水泵接合器	
自动喷水灭火给水管	—— ZP ——	自动喷洒头（开式）	平面 系统
室外消火栓		自动喷洒头（闭式）下喷	平面 系统
室内消火栓（单口）	平面 系统 白色为开启面	自动喷洒头（闭式）上喷	平面 系统
室内消火栓（双口）	平面 系统	侧喷式喷洒头	平面 系统
自动喷洒头（闭式）	平面 系统 上下喷	雨淋灭火给水管	—— YL ——
侧墙式自动喷洒头	平面 系统	水幕灭火给水管	—— SM ——
水炮灭火给水管	—— SP ——	预作用报警阀	平面 系统
干式报警阀	平面 系统	遥控信号阀	

（续）

名　　称	符号图例	名　　称	符号图例
水炮		水流指示器	
湿式报警阀	平面　系统	末端测试阀	
水力警铃		推车式灭火器	
雨淋阀	平面　系统	末端测试阀	平面　系统

第 4 章

水暖技能教你懂

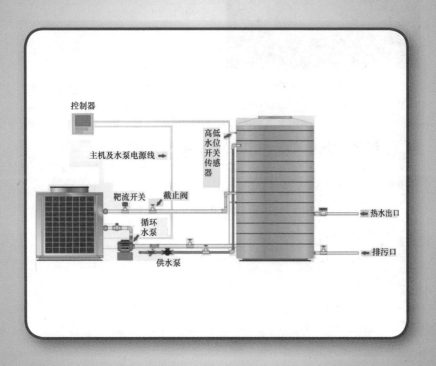

4.1 PPR 的熔接

PPR 熔接的深度，很大程度与PPR 熔接器的熔接头熔接的深度有关，如图 4-1 所示。

基本决定了熔接的深度

图 4-1　PPR 熔接的深度

PPR 采用塑料管材熔接器熔接时的热熔深度、加热时间的参考数值见表 4-1。

表 4-1　不同 PPR 热熔深度、加热时间

公称外径 /mm	热熔深度 /mm	加热时间 /s	加工时间 /s	冷却时间 /min
20	14	5	4	3
25	16	7	4	3
32	20	8	4	4
40	21	12	6	4
50	22.5	18	6	5
63	24	24	6	6
75	26	30	10	8
90	32	40	10	8
110	38.5	50	15	10
160	55	60	25	20

说明：如果操作环境温度低于 5℃，加热时间需要延长 50%。

4.2 PPR 管敷设工艺中支架、吊架的要求

PPR 管明敷或非直埋暗敷布管时一般要安装支架、吊架。冷水管支架、吊架最大间距参考数值见表 4-2。

表 4-2　冷水管支架、吊架最大间距参考数值

公称外径 /mm	20	25	32	40	50	63	75	90	110
横管 /mm	650	800	950	1100	1250	1400	1500	1600	1900
立管 /mm	1000	1200	1500	1700	1800	2000	2000	2100	2500

注：冷水管、热水管共用支架、吊架时应根据热水管支架、吊架间距来确定。

PPR 管明敷或非直埋暗敷布管时一般要安装支架、吊架。热水管支架、吊架最大间距参考数值见表 4-3。

表 4-3　热水管支架、吊架最大间距参考数值

公称外径 /mm	20	25	32	40	50	63	75	90	110
横管 /mm	500	600	700	800	900	1000	1100	1200	1500
立管 /mm	900	1000	1200	1400	1600	1700	1700	1800	2000

4.3 水暖管道支架、吊架、托架的安装

水暖管道支架、吊架、托架的安装，需要符合的一些规定、要求如下：

（1）位置需要正确，埋设需要平整牢固。

（2）固定支架与管道接触需要紧密，固定需要牢靠。

（3）无热伸长管道的吊架、吊杆应垂直安装。

（4）有热伸长管道的吊架、吊杆应向热膨胀的反方向偏移。

（5）固定在建筑结构上的管道支、吊架，需要不得影响结构的安全。

（6）滑动支架需要灵活，滑托与滑槽两侧间应留有 3~5mm 的间隙，纵向移动量需要符合设计要求。

（7）铜管垂直或水平安装的支架间距，需要符合表 4-4 的规定。

表 4-4　铜管管道支架的最大间距

公称直径 /mm		15	20	25	32	40	50	65	80	100	125	150	200
支架的最大间距 /m	垂直管	1.8	2.4	3.0	3.0	3.0	3.5	3.5	3.5	3.5	3.5	4.0	4.0
	水平管	1.2	1.8	1.8	2.4	2.4	2.4	3.0	3.0	3.0	3.0	3.5	3.5

（8）采暖、给水及热水供应系统的塑料管、复合管垂直或水平安装的支架间距，需要符合表 4-5 的规定。采用金属制作的管道支架，需要在管道与支架间加衬非金属垫或套管。

表 4-5　塑料管及复合管管道支架的最大间距

管径 /mm			12	14	16	18	20	25	32	40	50	63	75	90	110
最大间距 /m		立管	0.5	0.6	0.7	0.8	0.9	1.0	1.1	1.3	1.6	1.8	2.0	2.2	2.4
	水平管	冷水管	0.4	0.4	0.5	0.5	0.6	0.7	0.8	0.9	1.0	1.1	1.2	1.35	1.55
		热水管	0.2	0.2	0.25	0.3	0.3	0.35	0.4	0.5	0.6	0.7	0.8		

4.4 金属管道立管管卡安装要求

采暖、给水、热水供应系统的金属管道立管管卡安装，需要符合的一些规定、要求如下：

（1）楼层高度小于或等于 5m，每层必须安装 1 个。

（2）楼层高度大于 5m，每层不得少于 2 个。

（3）管卡安装高度，距地面应为 1.5~1.8m，2 个以上管卡需要匀称安装，同一房间管卡要安装在同一高度上。

4.5 水暖管道管接口的要求

水暖管道管接口的一些规定、要求如下：

（1）连接法兰的螺栓，其直径、长度要符合标准。拧紧后，突出螺母的长度不要大于螺杆直径的 1/2。

（2）螺纹连接管道安装后的管

螺纹根部要有 2~3 扣的外露螺纹，多余的麻丝要清理干净，以及做防腐处理。

（3）采用橡胶圈接口的管道，允许沿曲线敷设，每个接口的最大偏转角不得超过 2°。

（4）法兰连接时衬垫不得凸入管内，其外边缘接近螺栓孔为宜。不得安放双垫或偏垫。

（5）承插口采用水泥捻口时，油麻要清洁、填塞密实，水泥要捻入并

密实饱满，其接口面凹入承口边缘的深度不得大于 2mm。

（6）卡箍（套）式连接两管口端要平整、无缝隙。沟槽要均匀，卡紧螺栓后管道要平直，卡箍（套）安装方向要一致。

（7）熔接连接管道的结合面，要有一均匀的熔接圈，不得出现局部熔瘤或熔接圈凸凹不匀等现象。

（8）管道采用粘接接口，管端插入承口的深度的规定与要求见表 4-6。

表 4-6　管端插入承口的深度

公称直径 /mm	20	25	32	40	50	75	100	125	150
插入深度 /mm	16	19	22	26	31	44	61	69	80

4.6　卫生器具的安装高度要求

卫生器具的安装高度要求见表 4-7。

表 4-7　卫生器具的安装高度要求

卫生器具名称		卫生器具安装高度 /mm		备注
		居住和公共建筑	幼儿园	
污水盆（池）	架空式	800	800	
	落地式	500	500	
洗涤盆（池）		800	800	
洗脸盆、洗手盆（有塞、无塞）		800	500	自地面至器具上边缘
盥洗槽		800	600	
浴　盆		≤ 520		
蹲式大便器	高水箱	1800	1800	自台阶面至高水箱底
	低水箱	900	900	自台阶面至低水箱底
坐式大便器	高水箱	1800	1800	自地面至高水箱底 自地面至低水箱底
	低水箱 外露排水管式	510	370	
	虹吸喷射式	470		
小便器	挂式	600	450	自地面至下边缘
小便槽		200	150	自地面至台阶面
大便槽冲洗水箱		≥ 2000		自台阶面至水箱底
妇女卫生盆		360		自地面至器具上边缘
化验盆		800		自地面至器具上边缘

4.7 卫生器具给水配件的安装高度

卫生器具给水配件的安装高度，如果设计无要求时，需要符合表4-8的规定。

表4-8 卫生器具给水配件的安装高度

给水配件名称		配件中心距地面高度/mm	冷热水龙头距离/mm
架空式污水盆（池）水龙头		1000	—
落地式污水盆（池）水龙头		800	
洗涤盆（池）水龙头		1000	150
住宅集中给水龙头		1000	—
洗手盆水龙头		1000	
洗脸盆	水龙头（上配水）	1000	—
	水龙头（下配水）	800	150
	角阀（下配水）	450	—
盥洗槽	水龙头	1000	150
	冷热水管上下并行 其中热水水龙头	1100	150
浴盆	水龙头（上配水）	670	150
淋浴器	截止阀	1150	95
	混合阀	1150	
	淋浴喷头下沿	2100	
蹲式大便器（台阶面算起）	高水箱角阀及截止阀	2040	
	低水箱角阀	250	—
	手动式自闭冲洗阀	600	
	脚踏式自闭冲洗阀	150	
	拉管式冲洗阀（从地面算起）	1600	
	带防污助冲器阀门（从地面算起）	900	
坐式大便器	高水箱角阀及截止阀	2040	—
	低水箱角阀	150	
大便槽冲洗水箱截止阀（从台阶面算起）		≥2400	—
立式小便角阀		1130	
挂式小便角阀及截止阀		1050	
小便槽多孔冲洗管		1100	
实验室化验水龙头		1000	
妇女卫生盆混合阀		360	

注：装设在幼儿园内的洗手盆、洗脸盆、盥洗槽水嘴中心离地面安装高度要为700mm，其他卫生器具给水配件的安装高度，需要根据卫生器具实际尺寸相应减少。

4.8 室内排水系统排水塑料管道支架、吊架的间距要求

排水塑料管道支架、吊架间距，一般为尺量检查。
需要符合表4-9的规定。检验方法一

表 4-9　排水塑料管道支架、吊架最大间距（单位：m）

管径 /mm	50	75	110	125	160
立管	1.2	1.5	2.0	2.0	2.0
横管	0.5	0.75	1.10	1.30	1.6

4.9 室内给水、排水允许偏差

室内给水管道与阀门安装的允许偏差、检验方法，需要符合表4-10的规定。

表 4-10　室内给水管道与阀门安装的允许偏差、检验方法

项　目			允许偏差 /mm	检验方法
水平管道纵横方向弯曲	钢管	每米（全长25m以上）	1（≤25）	用水平尺、直尺、拉线和尺量检查
	塑料管复合管	每米（全长25m以上）	1.5（≤25）	
	铸铁管	每米（全长25m以上）	2（≤25）	
立管垂直度	钢管	每米（5m以上）	3（≤8）	吊线和尺量检查
	塑料管复合管	每米（5m以上）	2（≤8）	
	铸铁管	每米（5m以上）	3（≤10）	
成排管段和成排阀门	在同一平面上间距		3	尺量检查

室内给水设备安装的允许偏差、检验方法，需要符合表4-11的规定。

表 4-11　室内给水设备安装的允许偏差、检验方法

项目		允许偏差 /mm	检验方法
静置设备	坐　标	15	经纬仪或拉线、尺量
	标　高	±5	用水准仪、拉线和尺量检查
	垂直度（每米）	5	吊线和尺量检查
离心式水泵	立式泵体垂直度（每米）	0.1	水平尺和塞尺检查
	卧式泵体水平度（每米）	0.1	水平尺和塞尺检查
	联轴器同心度　轴向倾斜（每米）	0.8	在联轴器互相垂直的四个位置上用水准仪、百分表或测微螺钉和塞尺检查
	径向位移	0.1	

管道、设备保温层的厚度与平整度的允许偏差、检验方法，需要符合　表4-12的规定。

表4-12　管道、设备保温层的厚度与平整度的允许偏差、检验方法

项目		允许偏差/mm	检验方法
厚度		$+0.1\delta$ -0.05δ	用钢针刺入
表面平整度	卷材	5	用2m靠尺和楔形塞尺检查
	涂抹	10	

注：δ为保温层厚度。

室内排水管道安装的允许偏差、检验方法，需要符合表4-13的相关规定。

表4-13　室内排水和雨水管道安装的允许偏差、检验方法

项 目				允许偏差/mm	检验方法
坐　标				15	用水准仪（水平尺）、直尺、拉线和尺量检查
标　高				±15	
横管纵横方向弯曲	铸铁管	每1m		≤1	
		全长（25m以上）		≤25	
	钢管	每1m	管径小于或等于100mm	1	
			管径大于100mm	1.5	
		全长（25m以上）	管径小于或等于100mm	≤25	
			管径大于100mm	≤308	
	塑料管	每1m		1.5	
		全长（25m以上）		≤75	
立管垂直度	铸铁管	每1m		3	吊线和尺量检查
		全长（5m以上）		≤15	
	钢管	每1m		3	
		全长（5m以上）		≤10	
	塑料管	每1m		3	
		全长（5m以上）		≤15	

采暖管道安装的允许偏差、检验方法，需要符合表 4-14 的规定。

表 4-14　采暖管道安装的允许偏差、检验方法

项目			允许偏差 /mm	检验方法
横管道纵、横方向弯曲 /mm	每 1m	管径≤100mm	1	用水平尺、直尺、拉线和尺量检查
		管径>100mm	1.5	
	全长（25m 以上）	管径≤100mm	≤13	
		管径>100mm	≤25	
立管垂直度 /mm	每 1m		2	吊线和尺量检查
	全长（5m 以上）		≤10	
弯管	椭圆率 $\dfrac{D_{max}-D_{min}}{D_{max}}$	管径≤100mm	10%	用外卡钳和尺量检查
		管径>100mm	8%	
	折皱不平度 /mm	管径≤100mm	4	
		管径>100mm	5	

注：D_{max}、D_{min} 分别为管子最大外径及最小外径。

散热器组对应平直紧密，组对后的平直度，需要符合表 4-15 规定。检验方法一般为拉线、尺量

表 4-15　组对后的散热器平直度允许偏差

散热器类型	片数	允许偏差 /mm
长翼型	2~4	4
	5~7	6
铸铁片式钢制片式	3~15	4
	16~25	6

卫生器具安装的允许偏差、检验方法，需要符合表 4-16 的规定。

表 4-16　卫生器具安装的允许偏差、检验方法

项目		允许偏差 /mm	检验方法
坐标	单独器具	10	拉线、吊线和尺量检查
	成排器具	5	
标高	单独器具	±15	
	成排器具	±10	
器具水平度		2	用水平尺和尺量检查
器具垂直度		3	吊线和尺量检查

卫生器具给水配件安装标高的允许偏差、检验方法，需要符合表 4-17 的规定。

表 4-17 卫生器具给水配件安装标高的允许偏差、检验方法

项目	允许偏差 /mm	检验方法
大便器高、低水箱角阀及截止阀	±10	
水嘴	±10	尺量检查
淋浴器喷头下沿	±15	
浴盆软管淋浴器挂钩	±20	

卫生器具排水管道安装的允许偏差、检验方法，需要符合表 4-18 的规定。

表 4-18 卫生器具排水管道安装的允许偏差、检验方法

检查项目		允许偏差 /mm	检验方法
横管弯曲度	每 1m 长	2	用水平尺量检查
	横管长度 ≤ 10m，全长	< 8	
	横管长度 > 10m，全长	10	
卫生器具的排水管口及横支管的纵横坐标	单独器具	10	用尺量检查
	成排器具	5	
卫生器具的接口标高	单独器具	±10	用水平尺和尺量检查
	成排器具	±5	

4.10 坡度要求

连接卫生器具的排水管管径、最小坡度，如果设计无要求时，需要符合表 4-19 的规定、要求。连接卫生器具的排水管管径、最小坡度检验方法，一般用水平尺、尺量检查。

表 4-19 连接卫生器具的排水管管径、最小坡度

卫生器具名称		排水管管径 /mm	管道的最小坡度（‰）
污水盆（池）		50	25
单、双格洗涤盆（池）		50	25
洗手盆、洗脸盆		32~50	20
浴盆		50	20
淋浴器		50	20
大便器	高、低水箱	100	12
	自闭式冲洗阀	100	12
	拉管式冲洗阀	100	12
小便器	手动、自闭式冲洗阀	40~50	20
	自动站洗水箱	40~50	20
化验盆（无塞）		40~50	25
净身器		40~50	20
饮水器		20~50	10~20
家用洗衣机		50（软管为 30）	

室内排水系统，生活污水塑料管道的坡度，需要符合表 4-20 的规定、要求。一般检验方法为水平尺、拉线尺量检查。

表 4-20 生活污水塑料管道的坡度

管径 /mm	标准坡度（‰）	最小坡度（‰）
50	25	12
75	15	8
110	12	6
125	10	5
160	7	4

4.11 太阳能热水器安装的允许偏差、检验方法

太阳能热水器安装的允许偏差、检验方法，需要符合表表 4-21 的规定。

表 4-21 太阳能热水器安装的允许偏差、检验方法

项目			允许偏差 /mm	检验方法
板式直管太阳能热水器	标高	中心线距地面 /mm	±20	尺量
	固定安装朝向	最大偏移角	不大于 15°	分度仪检查

4.12 落地电热水器与壁挂电热水器的安装

壁挂电热水器的安装图例如图 4-2 所示。落地电热水器安装图例如图 4-3 所示。

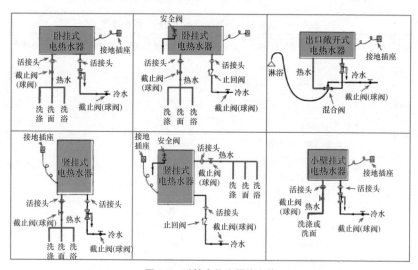

图 4-2 壁挂电热水器的安装

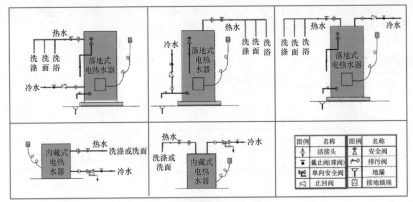

图 4-3 落地电热水器的安装

4.13 生活热水循环系统

店装公装生活热水循环系统是能量回收型空气源、水源热泵机组配套使用的热水系统，主要由生活热水箱、控制单元等组成，可以实现全天候的供应热水系统，以及提供温度高达60℃以上的热水。

生活热水箱，一般是无盘管搪瓷内胆特护蓄热水箱，许多的水箱自带辅助电加热管。

水箱控制器，是通过检测水箱内的温度达到控制的作用。当水箱内温度低于设定值时，只送加热信号给能量回收型热泵机组，机组进入制热水模式。当水箱温度达到设定值时，机组退出制热水模式。

生活热水箱外形图例如图4-4所示。

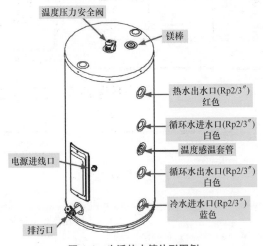

图 4-4 生活热水箱外形图例

常见的生活热水箱额定压力为 0.7MPa，工作压力一般为 0.15～0.2MPa。生活热水循环系统的安装如图 4-5 所示。

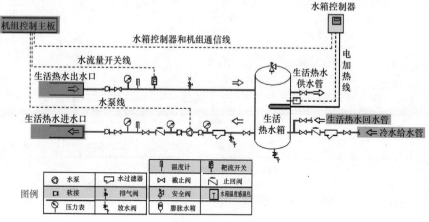

图 4-5　生活热水循环系统的安装

生活热水箱电气图如图 4-6 所示。

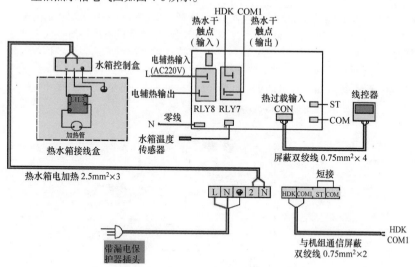

图 4-6　生活热水箱电气图

生活热水箱安装场所需要考虑的一些注意点如下：

（1）要预留足够的安装与日常维护空间。

（2）压力安全阀要安装在水箱顶部。

（3）排污口水阀安装在水箱的底部。

（4）支承面基础要平坦，要能够承受满水水箱的重量。

（5）方便水管、电气的连接。

（6）使用规定线径的电线连接水箱辅助电加热。

（7）根据水箱进出水标识，连接机组进水管、出水管、冷水管、热水管。

（8）电源插座的容量必须满足设备运行要求，并且必须采用带有可靠的接地插孔。

（9）将热水系统配套控制箱安装在水箱附近的墙壁上，或者其他支撑物上。

4.14 保温型不锈钢水塔

有的保温型不锈钢水塔采用了进口聚氨酯发泡厚度5cm保温层，保温效果冬天24h下降不到3℃；采用符合国际标准的304#不锈钢材料，在制造过程中实现全自动整体发泡一次成型技术，使其保温层密度更均匀，保温效果显著。

保温型不锈钢水塔的结构如图4-7所示。

保温型不锈钢水塔的安装图例如图4-8所示。保温型不锈钢水塔水管接口尺寸见表4-22。

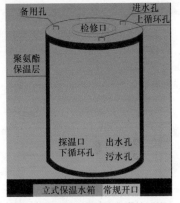

图4-7 保温型不锈钢水塔的结构

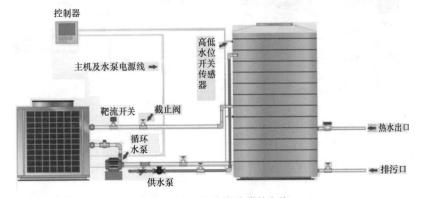

图4-8 保温型不锈钢水塔的安装

表 4-22　水箱水管接口尺寸参考表

直径	DN（铁管）	DE（ppr）	直径	DN（铁管）	DE（ppr）
16mm	4 分		75mm	3in	2.5in
20mm	6 分	4 分	100mm	4in	
25mm	1in	6 分	90mm		3in
32mm	1.2in	1in	100mm	4in	
40mm	1.5in	1.2in	110mm		4in
50mm	2in	1.5in			
65mm	2.5in	2in			

4.15　单孔面盆龙头

有的单孔面盆龙头配接的软管长度为 600mm，需要连接 3 分转 4 分接头，或者配置专用角阀，并且角阀安装建议高度大约为 450~500mm。

有的单孔面盆龙头安装孔尺寸大约为 35mm。安装时，软管串入安装孔后，再用固定螺母固定龙头，然后锁紧固定螺钉即可，如图 4-9 所示。

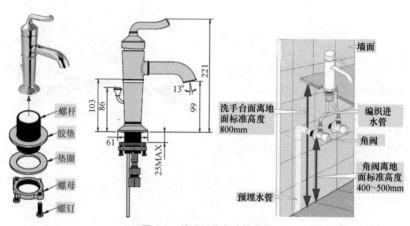

图 4-9　单孔面盆龙头的安装

选择、购买单孔面盆龙头时，需要注意去水口直径。目前市场上大部分属于硬管进水，因此，需要注意预留上水口的高度，从台盆向下 35cm 最为合适。安装时，选择选配专用角阀，并且角阀要与墙出水的冷热水管固定。如果角阀与龙头上水管间有距离时，则可以采用专用加长管来连接。如果进水管太长超过出水管时，则可以根据需要截去部分。如果角度不合适，则可以根据需要适度弯曲到需要的位置。不要硬弯曲到 90° 或大于 90°。

安装面盆去水时，不要忘记龙头的小接口（龙头短接）。另外，安装前，需要提前冲洗埋在墙内的水管。

安装混合水龙头前，需要先检查一下水管是不是左热右冷，不要将冷热水管接错，以免龙头不能正常工作。

燃气、太阳能热水器都不能使用恒温水龙头，因为水压太低。安装恒温龙头，也不要忘记安装冷热水过滤网。

4.16　感应水龙头的安装

感应水龙头安装前的一些注意事项如下：

（1）感应水龙头拆封后，要注意保存好附带的零配件，避免配件丢失或与其他配件混淆。

（2）室内感应水龙头，一般不适于户外应用。

（3）安装前，务必对冷热水供水管进行通水，将杂质清理干净。避免杂质堵塞龙头或损坏内部零件。

（4）适用于建筑物内水管路上的感应水龙头，水温一般要求不高于90℃，不能在90℃以上的流体环境中使用。

感应水龙头安装时的一些注意事项如下：

（1）安装时，水龙头要避免与硬物磕碰。

（2）安装时，对于连接部位要确保已经上紧，不脱落，但不要用力过度。

（3）金属软管应保证在自然舒展状态，不要将其盘绕在水龙头上。另外，软管与阀体（角阀）的接头处不要折成死角，以免造成折断或损伤软管。

（4）安装时，水泥、胶水或其他有害粉尘要及时清理干净，避免残留在水龙头表面损坏镀层。

（5）使用工具时，需要了解该位置是否可以承受外力。

（6）安装时，要保证水龙头稳固，不能够左右晃动。

感应水龙头的安装要点与方法图例如图4-10所示。

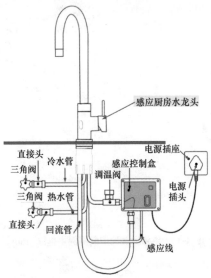

图 4-10　感应水龙头的安装要点与方法

4.17 淋浴水龙头的安装

淋浴水龙头的安装要点与方法如下：

（1）弯头 4 分处缠绕生料带后，安装到水管接口位置。

（2）调整接口距离，大约为（152±2）mm（超出墙面大约为27mm）。

（3）弯头内的 O 型圈抹上硅脂后，再把水龙头插入弯头内，以及锁紧内

六角固定螺钉。

（4）以冷水、热水的中心为基点，定位划线、打孔，然后安装滑杆。打孔尺寸，大约为直径 6mm、深 35mm。

（5）固定花洒与浴霸的距离至少为 200mm 以上。

淋浴龙头的安装图例如图 4-11 所示。

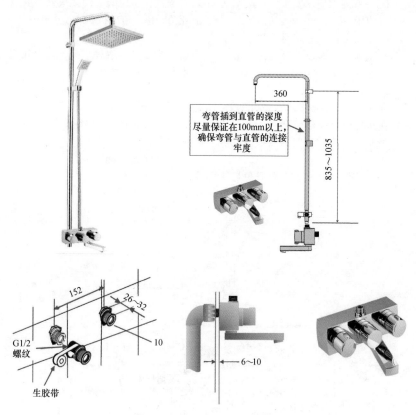

图 4-11　淋浴龙头的安装图例（单位：mm）

淋浴头成品固定座的安装图例如图 4-12 所示。

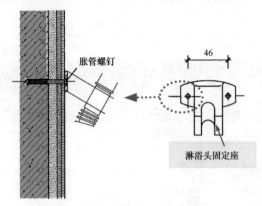

图 4-12　淋浴头成品固定座的安装图例（单位：mm）

淋浴水龙头的安装常见数据如下：

水龙头安装高度——大约为 900 ~ 1100mm。

花洒安装高度——大约为 1900 ~ 2100mm。

水管接口与墙面——大约为 6 ~ 10mm。

冷热水接口距离——大约为 152mm ± 2mm。

水管接口一般均为—— G1/2。

4.18　缸边水龙头的安装

缸边水龙头的安装，因不同的水龙头，具有很大差异。为此，首先需要确定采用的缸边水龙头的类型与特点。

例如一款缸边水龙头的特点如图 4-13 所示。因此，需要根据示意图（如图 4-14 所示）尺寸开孔，包括定位孔。安装时，需要配 G1/2 角阀、进水软管，以及必须安装定位销，以免造成水龙头松动。另外，安装前，一定要打开冷热供水，排去管内积累的残渣。

图 4-13　一款缸边水龙头的特点

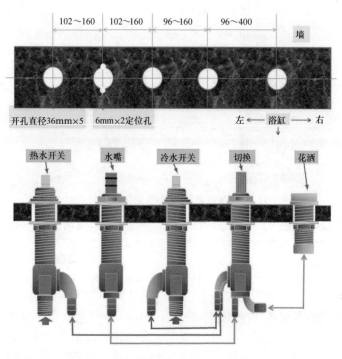

图 4-14　开孔（单位：mm）

4.19　墙体卫生器具常见的固定方式

墙体卫生器具常见的固定方式如图 4-15 所示。

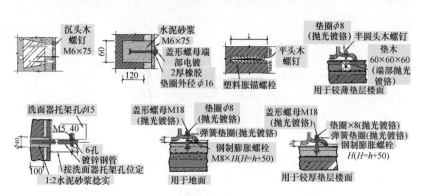

图 4-15　墙体卫生器具常见的固定方式（单位：mm）

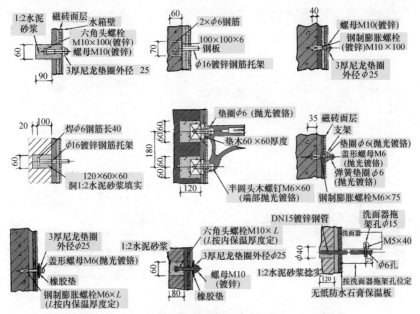

图 4-15 墙体卫生器具常见的固定方式（单位：mm）（续）

4.20 水槽的安装

水槽的安装方法与要点如下：首先把橱柜台面清理干净，把所提供的样板放在台面需要安装水槽的合适位置上，然后按住样板划线，划完线后再拿开样板，用切割机沿着划线切出安装口。再在安装口边缘打上硅胶，然后把水槽放入安装口，以及在四周加强筋上放上固定的挂钩，然后用螺钉旋具（螺丝刀）锁紧。

水槽的安装图例如图 4-16 所示。

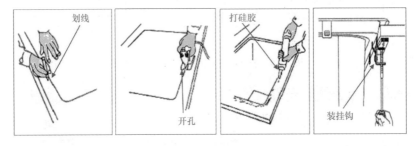

图 4-16 水槽的安装图例

4.21 小便槽的安装

小便槽的安装图例如图 4-17 所示。

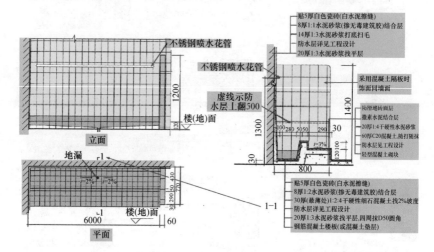

图 4-17　小便槽的安装图例

4.22 洗涮池的安装

洗涮池的安装图例如图 4-18 所示。

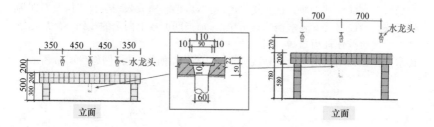

图 4-18　洗涮池的安装图例（单位：mm）

4.23 污水池的安装

污水池的安装图例如图 4-19 所示。

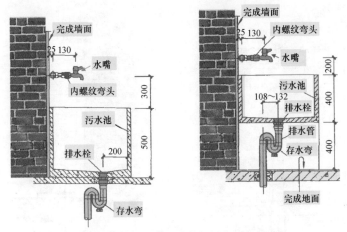

图 4-19 污水池的安装图例（单位：mm）

4.24 洗涤池的安装

洗涤池的安装图例如图 4-20 所示。

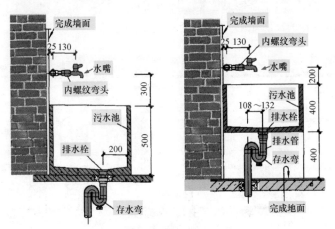

图 4-20 洗涤池的安装图例（单位：mm）

4.25 污水盆的安装

污水盆的安装图例如图 4-21 所示。

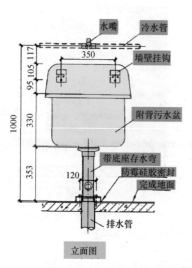

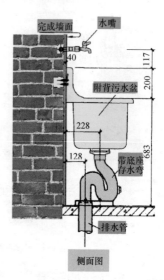

图 4-21 污水盆的安装图例（单位：mm）

4.26 双洗碗池的安装

双洗碗池的安装图例如图 4-22 所示。

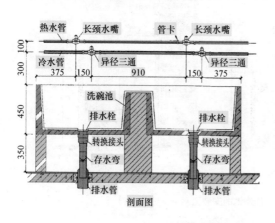

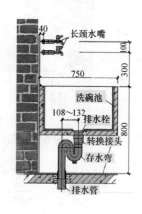

图 4-22 双洗碗池的安装图例（单位：mm）

4.27 双洗菜池的安装

双洗菜池的安装图例如图 4-23 所示。

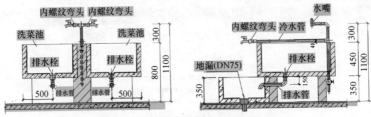

图 4-23　双洗菜池的安装图例（单位：mm）

4.28　感应水嘴（交流电）洗脸盆的安装

感应水嘴（交流电）洗脸盆的安装图例如图 4-24 所示。

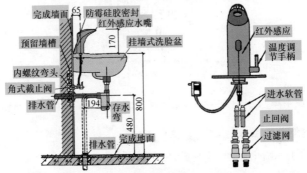

图 4-24　感应水嘴（交流电）洗脸盆的安装图例（单位：mm）

4.29　冷水红外感应水嘴洗涤盆的安装

冷水红外感应水嘴洗涤盆的安装图例如图 4-25 所示。

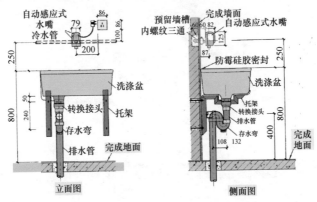

图 4-25　冷水红外感应水嘴洗涤盆的安装图例（单位：mm）

4.30 冷水、热水红外感应水嘴洗涤盆的安装

冷水、热水红外感应水嘴洗涤盆的安装图例如图 4-26 所示。

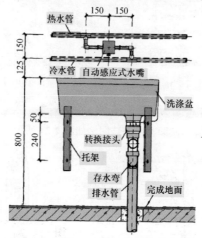

图 4-26 冷水、热水红外感应水嘴洗涤盆的安装图例（单位：mm）

4.31 单联化验水嘴化验盆的安装

单联化验水嘴化验盆的安装图例如图 4-27 所示。

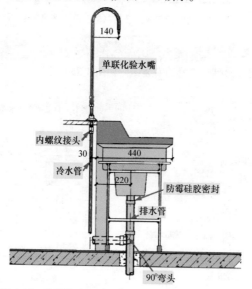

图 4-27 单联化验水嘴化验盆的安装图例（单位：mm）

4.32 壁挂式洗眼器的安装

壁挂式洗眼器的安装图例如图 4-28 所示。

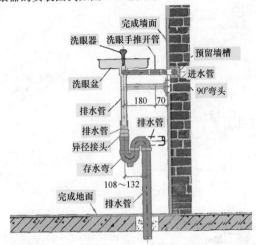

图 4-28 壁挂式洗眼器的安装图例（单位：mm）

4.33 单柄水嘴亚克力无裙边浴盆的安装

单柄水嘴亚克力无裙边浴盆的安装图例如图 4-29 所示。

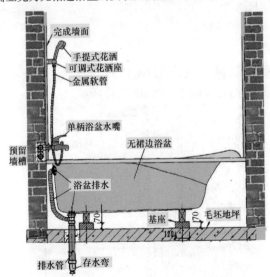

图 4-29 单柄水嘴亚克力无裙边浴盆的安装图例（单位：mm）

4.34 分体式下排水坐便器的安装

分体式下排水坐便器的安装图例如图 4-30 所示。

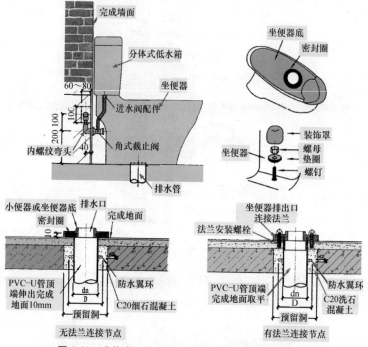

图 4-30 分体式下排水坐便器的安装图例（单位：mm）

4.35 分体式后排水坐便器的安装

分体式后排水坐便器的安装图例如图 4-31 所示。

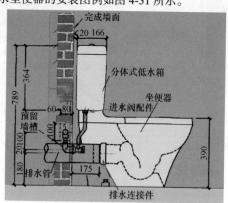

图 4-31 分体式后排水坐便器的安装图例（单位：mm）

4.36 儿童用坐便器的安装

儿童用坐便器的安装图例如图 4-32 所示。

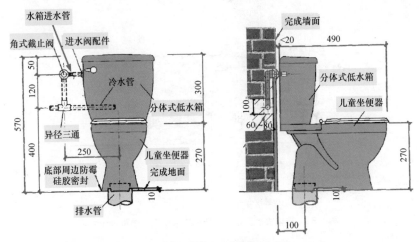

图 4-32 儿童用坐便器的安装图例（单位：mm）

4.37 连体式下排水坐便器的安装

连体式下排水坐便器的安装图例如图 4-33 所示。

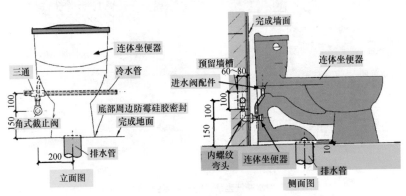

图 4-33 连体式下排水坐便器的安装图例（单位：mm）

4.38 连体式后排水坐便器的安装

连体式后排水坐便器的安装图例如图 4-34 所示。

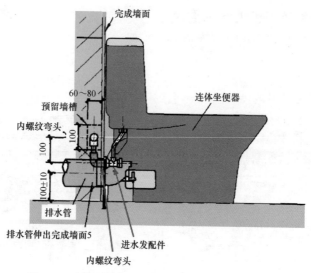

图 4-34　连体式后排水坐便器的安装图例（单位：mm）

4.39　温水冲洗坐便器的安装

温水冲洗坐便器的安装图例如图 4-35 所示。

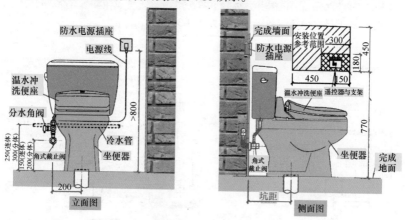

图 4-35　温水冲洗坐便器的安装图例（单位：mm）

4.40　感应式冲洗阀坐便器的安装

感应式冲洗阀坐便器的安装图例如图 4-36 所示。

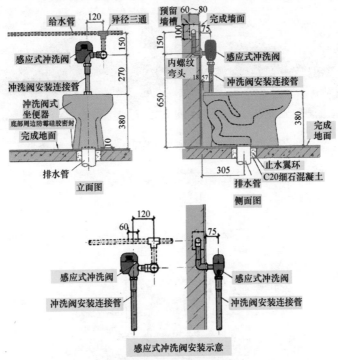

图 4-36　感应式冲洗阀坐便器的安装图例（单位：mm）

4.41　自闭式冲洗阀坐便器的安装

自闭式冲洗阀坐便器的安装图例如图 4-37 所示。

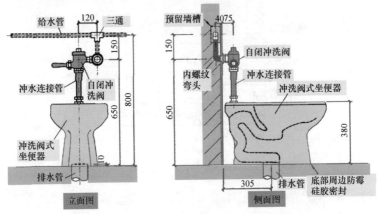

图 4-37　自闭式冲洗阀坐便器的安装图例（单位：mm）

装饰盖无缝紧贴瓷砖

两个方向均需要调整好

冲水阀

图 4-37　自闭式冲洗阀坐便器的安装图例（单位：mm）（续）

4.42　单柄水嘴单孔净身盆的安装

单柄水嘴单孔净身盆的安装图例如图 4-38 所示。

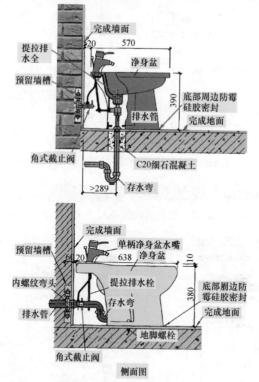

图 4-38　单柄水嘴单孔净身盆的安装图例（单位：mm）

4.43　小便器的安装

小便器的安装见表 4-23。

表 4-23 小便器的安装

名称	图　　例（单位：mm）
自闭式冲洗阀壁挂式小便器的安装	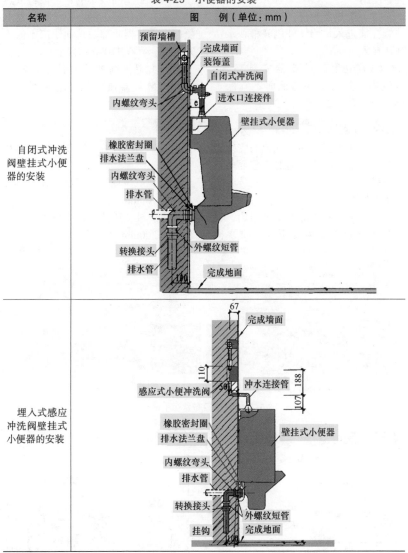
埋入式感应冲洗阀壁挂式小便器的安装	

4.44 店装卫生间散热器的安装

有的店装卫生间散热器的安装方法、要求与家装卫生间散热器的安装方法、要求基本一样。店装卫生间散热器的安装方法、要求如下：

（1）卫生间散热器的位置，要合理、美观，不影响其他卫生器具的安置、使用。

（2）散热器管道，需要在卫生间外侧穿墙进入，墙体外侧开槽，水钻开孔穿入。

（3）卫生间散热器安装高度，一般为散热器底部与地面不宜低于150mm，宜为200mm。

（4）卫生间较小的，可以将散热器安置在坐便器上侧。位于坐便器上侧时，散热器底部距地面距离不低于900mm，宜在1100mm以上。

（5）卫生间散热器位于台盆下侧时，散热器顶部距与地面不大于750mm。

4.45 店装卫生间排气道的安装

有的店装卫生间排气道的安装要求与家装卫生间排气道的安装要求基本一样。店装卫生间排气道安装的一些要求如下：

（1）进气孔，应处于吊顶内，也就是进气口下沿需要不低于排水横管最低存水弯的检查口，如图4-39所示。

（2）卫生间排气道进气口直径，一般为100mm。

（3）排气道插座，应设置吸顶或距顶板200mm且距排气道较近处。

图4-39　进气口布置在吊顶内部

4.46 无水封密闭地漏的安装

无水封密闭地漏的安装图例如图4-40所示。

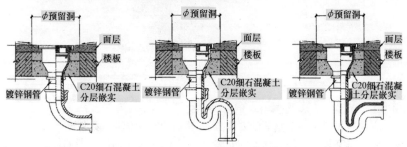

图4-40　无水封密闭地漏的安装图例

4.47 快开式无水封密闭地漏的安装

快开式无水封密闭地漏的安装图例如图 4-41 所示。

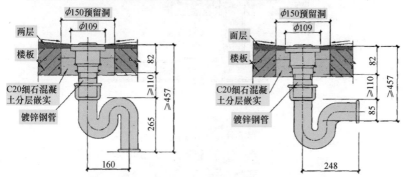

图 4-41 快开式无水封密闭地漏的安装图例（单位：mm）

4.48 地面式清扫口的安装

地面式清扫口的安装图例如图 4-42 所示。

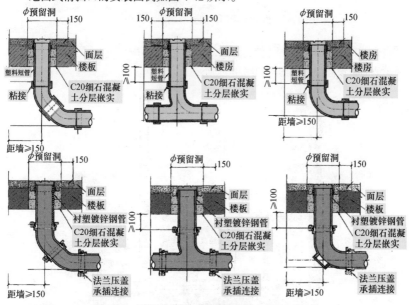

图 4-42 地面式清扫口的安装图例（单位：mm）

4.49 楼板下清扫口的安装

楼板下清扫口的安装图例如图 4-43 所示。

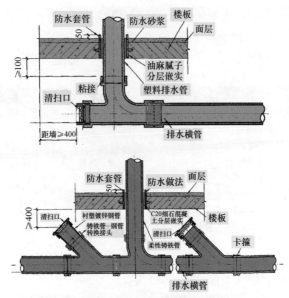

图4-43　楼板下清扫口的安装图例（单位：mm）

4.50　地面敷设同层排水

地面敷设同层排水图例如图4-44所示。

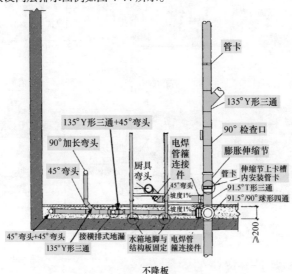

不降板

图4-44　地面敷设同层排水图例（单位：mm）

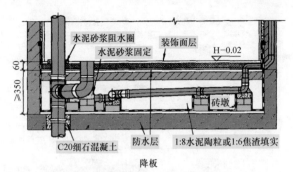

图 4-44　地面敷设同层排水图例（单位：mm）（续）

4.51　普通立排的安装

普通立排的安装图例如图 4-45 所示。

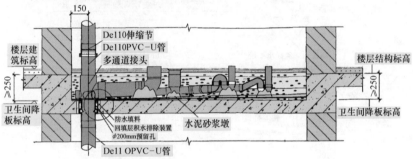

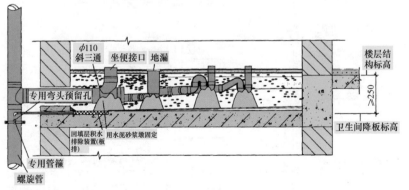

图 4-45　普通立排的安装图例（单位：mm）

4.52　模块化同层排水系统的安装

模块化同层排水系统的安装图例如图 4-46 所示。

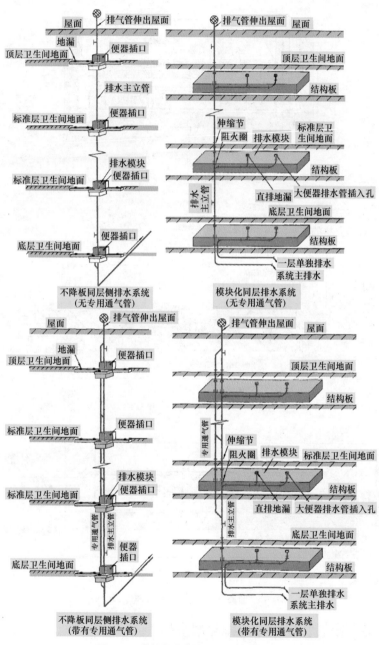

图 4-46　模块化同层排水系统的安装图例

4.53 抽水井的安装

抽水井的安装图例如图 4-47 所示。

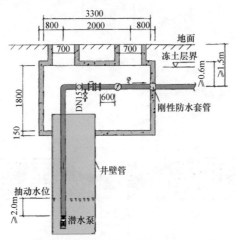

图 4-47 抽水井的安装图例（单位：mm）

4.54 雨水斗的安装

雨水斗的安装图例如图 4-48 所示。

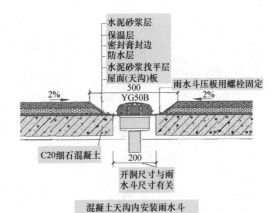

混凝土天沟内安装雨水斗

图 4-48 雨水斗的安装图例（单位：mm）

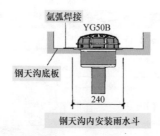

钢天沟内安装雨水斗

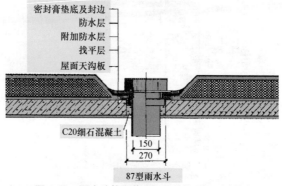

87型雨水斗

图 4-48　雨水斗的安装图例（单位：mm）（续）

4.55　虹吸雨水排放收集系统的安装

虹吸雨水排放收集系统的安装图例如图 4-49 所示。

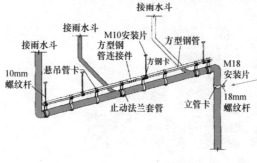

管卡间距					
管径 /mm	水平悬吊管			立管	
	吊点间距/m	固定管卡间距/m	管卡间距/m	固定管卡间距/m	管卡间距/m
De56	2.5	5.0	0.8	6.0	
De63	2.5	5.0	0.8	6.0	
De56	2.5	5.0	0.8	6.0	
De75	2.5	5.0	0.8	6.0	
De90	2.5	5.0	0.8	6.0	1.3
De110	2.5	5.0	1.1	6.0	1.6
De125	2.5	5.0	1.2	6.0	1.8
De160	2.5	5.0	1.6	6.0	2.4
De200	2.5	5.0	2.0	6.0	3.0
De250	2.5	5.0	2.5	6.0	3.7

图 4-49　虹吸雨水排放收集系统的安装图例

4.56 毛巾架的安装

毛巾架的安装图例如图 4-50 所示。

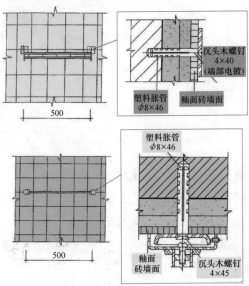

图 4-50 毛巾架的安装图例（单位：mm）

4.57 卫生纸架的安装

卫生纸架的安装图例如图 4-51 所示。

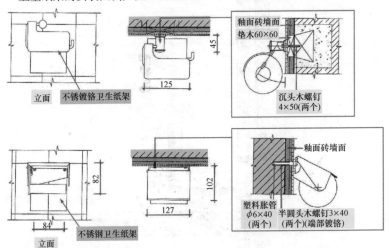

图 4-51 卫生纸架的安装图例（单位：mm）

4.58 水表的安装

水表的安装图例如图 4-52 所示。

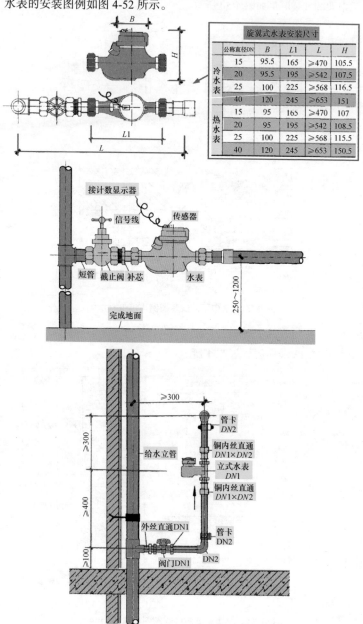

旋翼式水表安装尺寸					
公称直径DN		B	$L1$	L	H
冷水表	15	95.5	165	≥470	105.5
	20	95.5	195	≥542	107.5
	25	100	225	≥568	116.5
	40	120	245	≥653	151
热水表	15	95	165	≥470	107
	20	95	195	≥542	108.5
	25	100	225	≥568	115.5
	40	120	245	≥653	150.5

图 4-52 水表的安装图例（单位：mm）

图 4-52 水表的安装图例（单位：mm）（续）

4.59 防冻阀门的安装

防冻阀门的安装图例如图 4-53 所示。

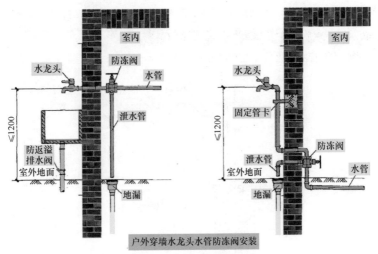

户外穿墙水龙头水管防冻阀安装

图 4-53 防冻阀门的安装图例（单位：mm）

4.60 埋地塑料排水管道基础及沟槽宽度的要求

埋地塑料排水管道基础及沟槽宽度的要求图例如图 4-54 所示。

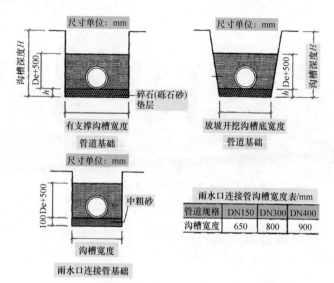

雨水口连接管沟槽宽度表/mm			
管道规格	DN150	DN300	DN400
沟槽宽度	650	800	900

图 4-54 埋地塑料排水管道基础及沟槽宽度的要求图例

4.61 排水铸铁管穿墙及穿基础的要求

排水铸铁管穿墙及穿基础的要求图例如图 4-55 所示。

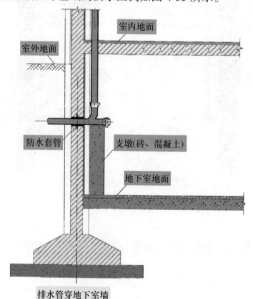

图 4-55 排水铸铁管穿墙及穿基础的要求图例（单位：mm）

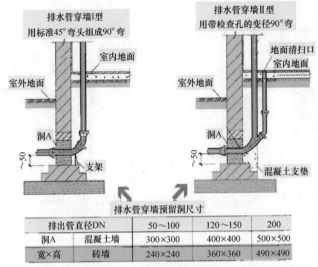

排出管直径DN		50～100	120～150	200
洞A	混凝土墙	300×300	400×400	500×500
宽×高	砖墙	240×240	360×360	490×490

图 4-55　排水铸铁管穿墙及穿基础的要求图例（单位：mm）（续）

4.62　PVC-U 立管防火套管的安装

PVC-U 立管防火套管的安装图例如图 4-56 所示。

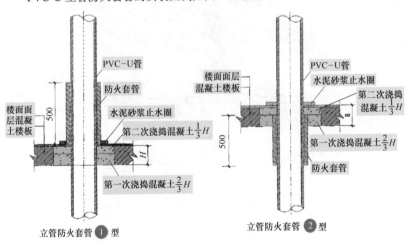

图 4-56　PVC-U 立管防火套管的安装图例（单位：mm）

4.63　PVC-U 管道穿防水楼板的安装

PVC-U 管道穿防水楼板的安装图例如图 4-57 所示。

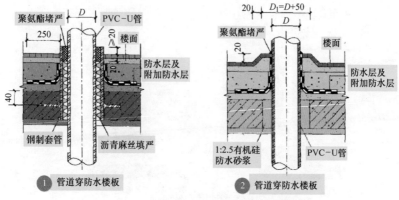

图 4-57　PVC-U 管道穿防水楼板的安装图例（单位：mm）

4.64 卫生器具排水 PVC-U 管道穿楼板的安装

卫生器具排水 PVC-U 管道穿楼板的安装图例如图 4-58 所示。

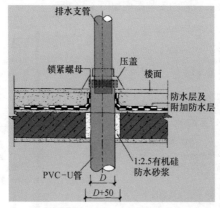

图 4-58　卫生器具排水 PVC-U 管道穿楼板的安装图例

4.65 PVC-U 管道穿墙基留洞、穿地下室外墙的安装

PVC-U 管道穿墙基留洞、穿地下室外墙的安装图例如图 4-59 所示。

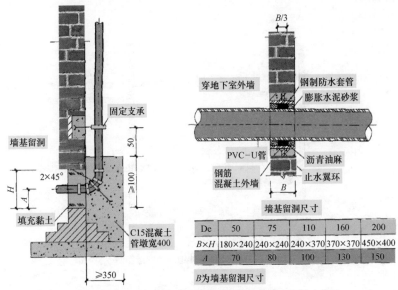

墙基留洞尺寸

De	50	75	110	160	200
B×H	180×240	240×240	240×370	370×370	450×400
A	70	80	100	130	150

B为墙基留洞尺寸

图 4-59　PVC-U 管道穿墙基留洞、穿地下室外墙的安装图例（单位：mm）

4.66　PVC-U 管道穿楼面的安装

PVC-U 管道穿楼面的安装图例如图 4-60 所示。

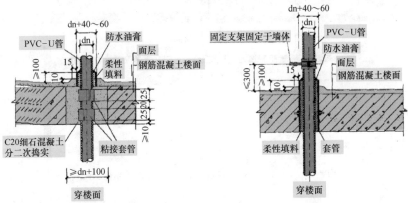

图 4-60　PVC-U 管道穿楼面的安装图例（单位：mm）

4.67　PVC-U 管伸缩节的安装

PVC-U 管伸缩节的安装图例如图 4-61 所示。

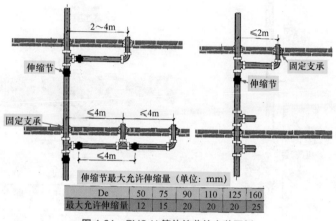

伸缩节最大允许伸缩量（单位：mm）

De	50	75	90	110	125	160
最大允许伸缩量	12	15	20	20	20	25

图 4-61　PVC-U 管伸缩节的安装图例

4.68　PVC-U 管横管伸缩节及管卡的安装

PVC-U 管横管伸缩节及管卡的安装图例如图 4-62 所示。

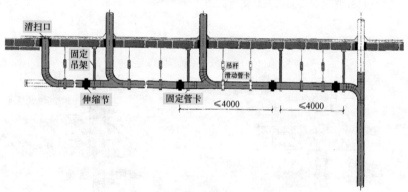

图 4-62　PVC-U 管横管伸缩节及管卡的安装（单位：mm）

4.69　PVC-U 管立管的安装

PVC-U 管立管的安装图例如图 4-63 所示。

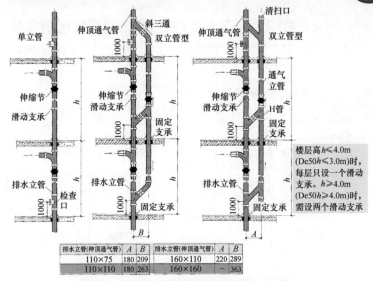

楼层高 $h \leqslant 4.0\text{m}$ $(De50 h \leqslant 3.0\text{m})$ 时,每层只设一个滑动支承。$h \geqslant 4.0\text{m}$ $(De50 h \geqslant 4.0\text{m})$ 时,需设两个滑动支承

排水立管(伸顶通气管)	A	B	排水立管(伸顶通气管)	A	B
110×75	180	209	160×110	220	289
110×110	180	263	160×160	—	363

图 4-63　PVC-U 管立管的安装图例（单位：mm）

4.70　PE-X、PP-R、PVC-U、铝塑管管道支管的连接

PE-X、PP-R、PVC-U、铝塑管管道支管的连接图例如图 4-64 所示。

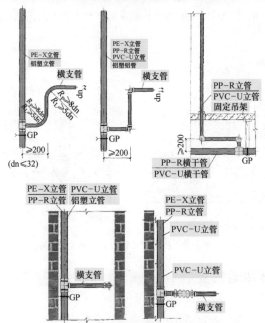

图 4-64　PE-X、PP-R、PVC-U、铝塑管管道支管的连接图例（单位：mm）

4.71 PE-X、PP-R、铝塑管、PB、PE 管道穿楼面的安装

PE-X、PP-R、铝塑管、PB、PE 管道穿楼面的安装图例如图 4-65 所示。

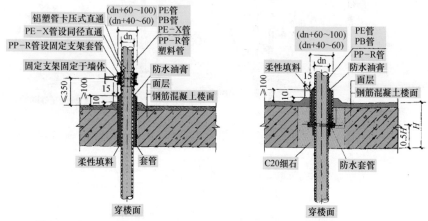

图 4-65 PE-X、PP-R、铝塑管、PB、PE 管道穿楼面的安装图例（单位：mm）

4.72 PE-X、PP-R、铝塑管、PB、PE 管道穿室内地面的安装

PE-X、PP-R、铝塑管、PB、PE 管道穿室内地面的安装图例如图 4-66 所示。

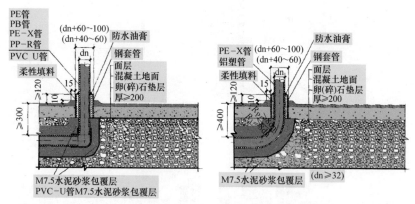

图 4-66 PE-X、PP-R、铝塑管、PB、PE 管道穿室内地面的安装图例（单位：mm）

4.73 电开水器的安装

电开水器的安装图例如图 4-67 所示。

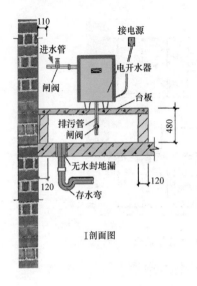

I 剖面图

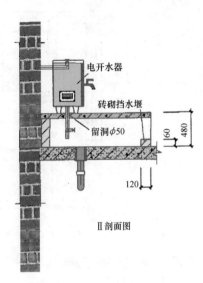

II 剖面图

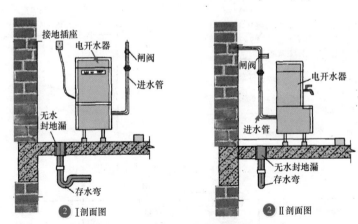

图 4-67　电开水器的安装图例（单位：mm）

4.74　强制排气式燃气快速热水器的安装

强制排气式燃气快速热水器的安装图例如图 4-68 所示。

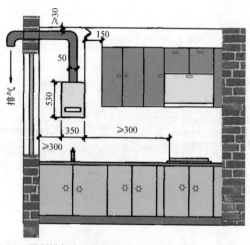

图 4-68　强制排气式燃气快速热水器的安装图例（单位：mm）

4.75　商用容积式电热水炉直接供水原理

商用容积式电热水炉直接供水原理图例如图 4-69 所示。

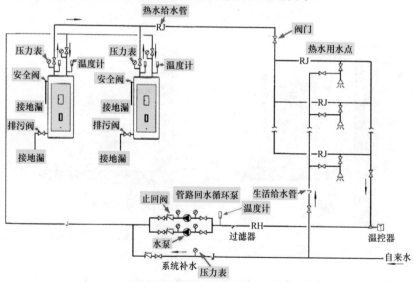

图 4-69　商用容积式电热水炉直接供水原理图例

4.76　两台弹性管束半容积式水加热器系统原理

两台弹性管束半容积式水加热器系统原理图例如图 4-70 所示。

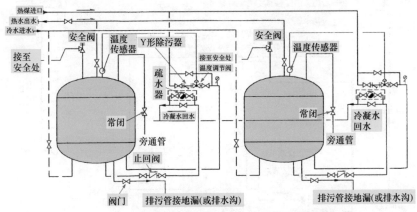

图 4-70　两台弹性管束半容积式水加热器系统原理图例

4.77　水源热泵机组工作原理

水源热泵机组工作原理图例如图 4-71 所示。

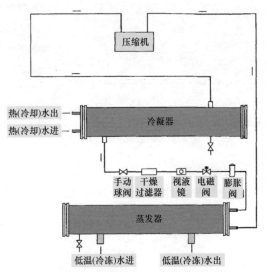

图 4-71　水源热泵机组工作原理图例

4.78　按摩池冷水池工艺流程

按摩池冷水池工艺流程图例如图 4-72 所示。

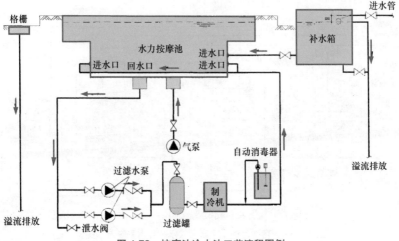

图 4-72　按摩池冷水池工艺流程图例

4.79　喷泉系统的安装

喷泉系统的安装图例如图 4-73 所示。

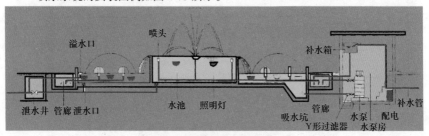

图 4-73　喷泉系统的安装图例

4.80　喷泉形式及给水系统的安装

喷泉形式及给水系统的安装图例如图 4-74 所示。

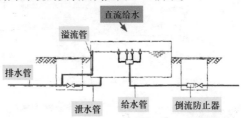

图 4-74　喷泉形式及给水系统的安装图例

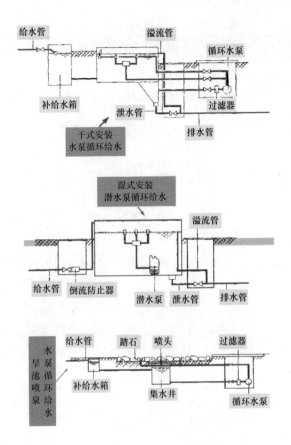

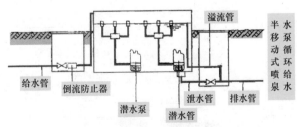

图 4-74 喷泉形式及给水系统的安装图例（续）

4.81 水暖技能施工工序

水暖技能施工工序见表4-24。

表4-24 水暖技能施工工序

名称	解说
卫生间地漏安装工艺	定位→排水管道安装→预埋。大样图例如下：
卫生间防水施工工艺	基层清理→阴角与管口处理→涂第1遍防水涂料→涂第2遍防水涂料→涂第3遍防水涂料→蓄水试验→水泥砂浆保护层。大样图例如下：
淋浴房门预埋件安装工艺	定位→预埋安装
沐浴房地面石材施工工艺	地面清理→水泥浆结合层→铺贴石材→养护→晶面处理

（续）

名称	解说
嵌入式浴缸安装工艺	放线→钢架基层焊接→浴缸安装→浴缸台面石材安装→收口打胶
室内给水管道、配件安装工艺	安装准备→预制加工→主管安装→支管安装→管道试压→管道防腐和保温→管道冲洗
室内排水管道、配件安装工艺	预制加工→安装准备→主管安装→支管安装→卡件固定→封口堵洞→闭水试验→通水试验
台盆安装工艺	放样→钢架焊接→钢架安装→台面石材安装→台盆安装→打胶→清理
台盆柜安装工艺	试装→组合安装台盆柜→打胶→清理
浴缸黄沙衬底施工工艺	设置砂挡→填黄沙
浴缸石材检修门工艺	浴缸钢架焊接→浴缸检修口预留→检修口石材粘贴
座便器安装工艺	确定马桶样式→安装定位→涂刷粘接胶→安装就位→配件安装

4.82 商用空气源热泵热水器

商用空气源热泵热水器，可以满足别墅、普通家庭、工厂、学校、宾馆、酒楼、医院、美容院、洗衣店、各类洗浴中心等场所的需求，可以提供源源不断的生活、生产所需热水。

空气源热泵热水器，一般是由空气源主机、水箱两部分组成。商用空气源热泵热水器供水系统如图4-75所示。

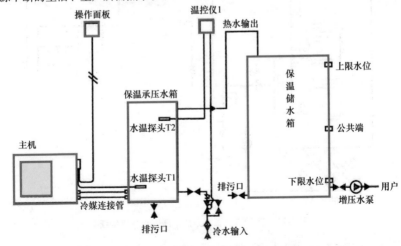

大型连续供水系统示意图

图4-75 商用空气源热泵热水器供水系统

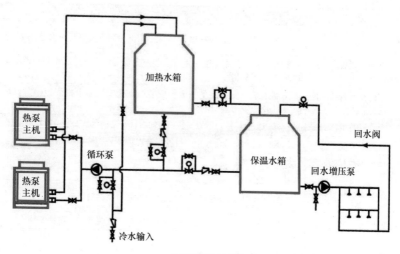

大型连续供水系统示意图

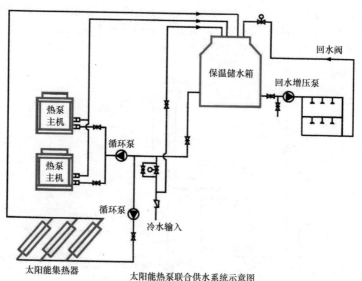

太阳能热泵联合供水系统示意图

图 4-75　商用空气源热泵热水器供水系统（续）

4.83　游泳池参考设计数据

游泳池参考设计数据见表 4-25。

表 4-25 游泳池参考设计数据

名　　称	参考管径	参考中心标高	参考套管
成人泳池滤后出水管	DE160	3.90	DN200
成人泳池循环回水管	DE160	2.60	DN200
大水景滤后循环跌水给水管	DE200	3.90	DN250
大水景循环跌水回水管	DE250	2.60	DN300
儿童深水泳池滤后出水管	DE160	3.90	DN200
儿童深水泳池循环回水管	DE250	2.60	DN300
反冲排水管	DE110	4.20	DN150
排污管	DE75	4.20	DN100
浅水泳池滤后出水管	DE160	3.90	DN200
浅水泳池循环回水管	DE160	2.60	DN200
沙滩泳池滤后出水管	DE110	−3.90	DN150
沙滩泳池循环回水管	DE110	2.60	DN150
送风管	DE90	4.00	DN125
消防系统吸水管	DN250	2.60	DN300
消火栓系统给水管	DN150	3.50	DN200
小水景滤后循环跌水给水管	DE75	3.90	DN100
泳池吸池管	DE90	2.60	DN100
自动喷淋系统给水管	DN150	3.50	DN200

4.84 雨水口

根据排水方式,集中雨水口可以分为平箅式、偏沟式、联合式、立箅式等类型。根据箅数,集中雨水口可以分为单箅、双箅、多箅。根据箅子及支座材质,集中雨水口可以分为球墨铸铁、钢格板、球墨铸铁复合树脂等类型。

雨水口,需要根据流量、道路形式、场地来选用。

雨水口的过流量与道路的横坡、纵坡、雨水口的型式、箅前水深等因素有关。根据对不同型式的雨水口、不同箅数、不同箅型的室外 1∶1 的水工模型的水力实验(道路纵坡为0.3%~3.5%、横坡为 1.5%、箅前水深为 40mm),各类雨水口的设计过流量可采用表 4-26 数值。

雨水口布置位置——雨水口宜设置在汇水点、集中来水点处,例如宜设置在截水点处。雨水口在十字路口

表 4-26 各类雨水口的设计过流量

各类雨水口的设计过流量

雨水口型式		过流量 /(L/s)
平箅式雨水口 偏沟式雨水口	单箅	20
	双箅	35
	多箅	15(每箅)
联合式雨水口	单箅	30
	双箅	50
	多箅	20(每箅)
立箅式雨水口	单箅	15
	双箅	25
	多箅	10(每箅)

串联雨水口连接管管径选用

雨水口型式		串联雨水口数量		
		1 个	2 个	3 个
		雨水口连接管径 /mm		
平箅式、偏沟式、联合式、立箅式	单箅	200	300	300
	双箅	300	300	400
	多箅	300	300	400

注:表中数据只适用于同型雨水口串联,如为不同型雨水口串联,由计算确定

处的设置，需要根据雨水径流情况布置雨水口，雨水口不宜设置在道路分水点、地势高的地方，或者其他地下管道等处。

雨水口设置数量——雨水口设置数量主要依据水量而决定。雨水口与雨水连接管流量，需要为雨水管渠设计重现期计算流量的1.5~3.0倍，以及根据该地区内涝防治设计重现期进行校核。

雨水口设置间距——雨水口间距，需要根据前述有关因素、实践经验来决定，一般宜为25~50m。道路纵坡大于0.02时，雨水口的间距可大于50m，其型式、数量、布置，需要

根据具体情况、计算来确定。坡段较短（一般在300m以内）时，可以在最低点处集中收水，其雨水口的数量或面积需要适当增加。

算面高——平算式雨水口的算面标高，一般需要比周围路面标高低30mm。立算式雨水口进水处路面标高，一般需要比周围路面标高低50mm。当设置于下凹式绿地中时，雨水口做法参考平算式雨水口设计，雨水口的算面标高需要根据雨水调蓄设计要求确定，以及应高于周围绿地平面标高。绿地内雨水口示意如图4-76所示。

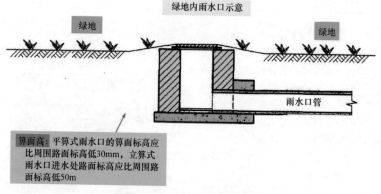

图 4-76　绿地内雨水口示意

4.85　人工彩色、音乐喷泉的装置布线

人工彩色、音乐喷泉的装置布线图例如图4-77所示。

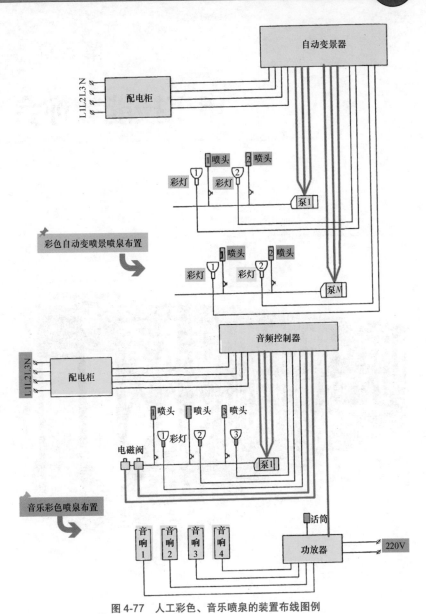

图 4-77　人工彩色、音乐喷泉的装置布线图例

第 5 章

电工技能教你会

自动伸缩门

5.1 强电技能施工工艺

一些强电技能施工工艺见表 5-1。

表 5-1　一些强电技能施工工艺

名称	解　说
电线穿管施工工艺	选择线缆→穿带线→扫管→放线与断线→导线与带线绑扎→带护口→穿线敷设→导线接头→接头包扎→线路检查与绝缘摇测
开关插座安装工艺	清理底盒→连接电线→安装开关与安装插座
电缆桥架安装工艺	定位放线→预埋螺栓支架/吊架/托架安装→桥架安装→保护接地安装

5.2 电源箱进线出线的特点与安装

大型公装电源箱进线出线可以分为架空方式、电缆直埋方式。小型公装电源箱进线出线也可以分为架空方式、电缆直埋方式、沿墙方式等。

电源箱进线出线也可以分为一单元、二单元、三单元、四单元、五单元等。电源箱也可以分为下进下出、上进上出、上进下出、下进上出。电源箱进线出线的特点如图 5-1 所示。

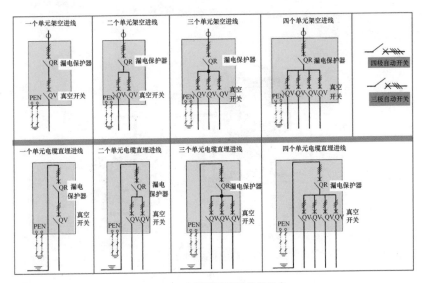

图 5-1　电源箱进线出线的特点

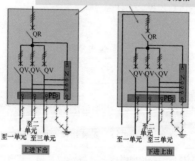

图 5-1 电源箱进线出线的特点（续）

5.3 强电进店或者入场的特点与安装

　　一些店装公装的强电是从电源箱引出线后，到电能计量设备，然后经断路器，再到强配电箱。

　　普通的店装强电三大回路为照明回路、空调回路、插座回路。各回路的功能如图 5-2 所示。

　　普通的店装强电回路接线图例如图 5-3 所示。

照明电路──→用于照明和装饰

空调线路──→电流大，需要单独控制

插座线路──→用于电器供电使用

图 5-2　各回路的功能

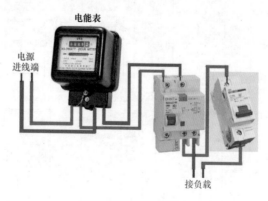

强电回路接负载接线图例

图 5-3　普通的店装强电回路接线图例

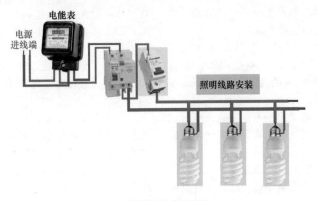

强电照明回路接线图例

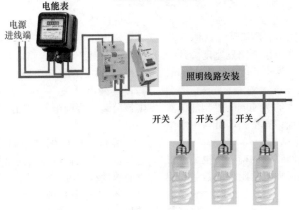

强电照明开关回路接线图例

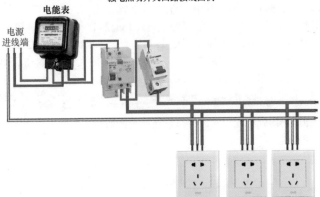

强电插座回路接线图例

图 5-3　普通的店装强电回路接线图例（续）

电能计量设备——电能表的一些安装与使用的要求如下：

（1）电能表，需要安装在光线充足、干燥，以及不受振动，并且容易抄表读表的地方，最好距离地面1.7~2m。

（2）电能表，不要安装在密封的箱子里，以免电能表不易散热，造成绝缘老化。

（3）电能表，需要和其他用电设备有一定的安全距离，严禁在有腐蚀性气体的地方安装电能表。

（4）使用电能表时，一定要将电能表接线端子上的螺钉拧紧，使导线与接线端子紧密接触，防止由于松动而造成打火或接触不好烧坏电能表的端子。

（5）电能表，要根据线路图正确地接入电网。电能表的电流线圈应串联在电源的相线上，电压线圈则跨接在电源的相线和中性线间。

5.4 配电箱大小的计算选择

配电箱大小的计算选择，首先需要明确配电箱所需要的具体回路数，然后根据单极断路器宽度大约为18mm、单极＋漏电宽度大约为45mm、双极加漏电宽度大约为60mm、微型接触器宽度大约为40mm等相加，然后加上两边预留宽度，即可得出配电箱尺寸大小。

配电箱回路数的确定，也可以根据所需要的每种电器附件的数量和相加，然后用18去除（如果除不尽的小数进位为1），得到的结果，也就是所需要配电箱的回路大小。其中，每种电器附件所占的尺寸，即单极断路器宽度大约为18mm、单极＋漏电宽度大约为45mm、双极加漏电宽度大约为60mm、微型接触器宽度大约为40mm等。

举例：

一公装工程配电箱需要1只双极断路器、3只单极断路器、2只单极断路器＋漏电开关、一只微型接触器，则该公装工程配电箱的回路数大概是多少？

解析：根据配电箱回路数的确定，也可以根据所需要的每种电器附件的数量和相加，然后用18去除（如果除不尽的小数进位为1），得到的结果，也就是所需要配电箱的回路大小，即

$$（18×2+18×3+45×2+40）÷18＝220÷18＝12.2$$

也就是大概需要15路数的配电箱。

5.5 三相低压场内强电配电箱的特点与连接

三相低压场内强电配电箱的特点与连接图例如图5-4所示。

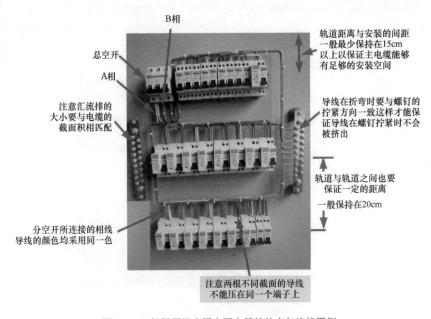

B相

总空开

A相

注意汇流排的
大小要与电缆的
截面积相匹配

分空开所连接的相线
导线的颜色均采用同一色

轨道距离与安装的间距
一般最少保持在15cm
以上以保证主电缆能够
有足够的安装空间

导线在折弯时要与螺钉的
拧紧方向一致这样才能保
证导线在螺钉拧紧时不会
被挤出

轨道与轨道之间也要
保证一定的距离
一般保持在20cm

注意两根不同截面的导线
不能压在同一个端子上

图 5-4　三相低压场内强电配电箱的特点与连接图例

5.6　预制 PVC 管弯

预制 PVC 管弯可采用冷煨法与热煨法：

1. 冷煨法——管径在 25mm 及其以下的 PVC，可以采用冷煨法。冷煨法具体操作要领如下：

（1）使用手扳弯管器煨弯

1）首先把 PVC 管子插入配套的弯管器内。2）再用手扳一次，煨出所需的弯度即可。

（2）使用弯簧煨弯

1）首先将弯簧插入 PVC 管内需要煨弯的地方。2）再用两手抓住弯簧两端头，并且膝盖顶在被弯处。3）然后用手扳，逐步煨出所需弯度。4）最后抽出弯簧即可。

注：如果需要弯曲较长的 PVC 管时，可以将弯簧用铁丝或尼龙线拴牢系于一端上，待煨完弯后抽出即可

2. 热煨法——热煨法的操作要领如下：

1）首先采用电炉、热风机等加热设备对 PVC 管需要煨弯的地方进行均匀加热。

2）待 PVC 管被加热到可以随意弯曲时，立即将 PVC 管放在木板上，并且固定 PVC 管一端，逐步煨出所需要的弯度，并且用湿布抹擦使弯曲部位冷却定型。

3）然后抽出弯簧即可。

注：PVC 管煨弯时，不得因煨弯使 PVC 管出现烤伤、变色、破裂等异常现象。

3. 采用软管过渡弯, 图例如图 5-5 所示。

如果弯 PVC 管, 不采用恰当的方法进行, 而是直接弯 PVC, 则会把 PVC 管弯扁, 图例如图 5-6 所示。PVC 管弯的弧度需要大于 90°, 如图 5-7 所示。

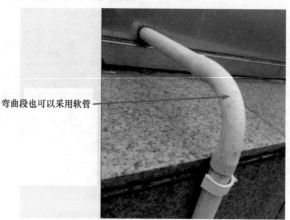

弯曲段也可以采用软管

图 5-5　采用软管过渡弯

弯扁了

图 5-6　弯扁的 PVC 管

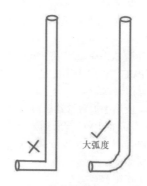

× 大弧度 ✓

图 5-7　PVC 管弯的弧度需要大于 90°

5.7　PVC 明敷工艺中管路的固定

PVC 明敷工艺中管路固定的方法如下:

抱箍法——PVC 管固定时, 遇到门店梁柱时, 采用抱箍将支架、吊架固定好，再固定 PVC 管的一种方法。

木砖法——利用木螺钉配合、固定 PVC 的附件，并且把 PVC 直接固定在预埋木砖上的一种方法。

剔注法——首先根据测定位置，剔出一个墙洞，然后用水把洞内浇湿，再将和好的高标号砂浆填入洞内，待填满后，将支架、吊架、螺栓插入洞内，并且校正埋入深度以及调整平直。当无误后，再将洞口抹平即可。

胀管法——胀管法就是先在墙上打孔，然后将胀管插入孔内，再利用螺钉栓固定的一种方法。

预埋铁件焊接法——门店在土建施工时，按测定位置已经预埋了铁件。因此，装饰时可以将支架、吊架焊在预埋铁件上来固定 PVC 管。

稳注法——稳注法就是随土建砌砖墙，将 PVC 管的支架固定好的一种方法。

PVC 明敷工艺中管路的固定图例如图 5-8 所示。瓷砖面上明敷 PVC 管线，则需要把固定卡子安排在瓷砖与瓷砖之间的缝隙间。

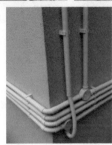
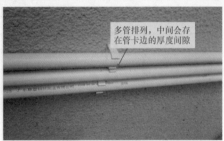

图 5-8　PVC 明敷工艺中管路的固定图例

PVC 线管绑定固定：在墙面拐角处，用专业的弯管器弯管，从而保证横平竖直。进行线管固定时，从拐弯点到固定线间的距离大约为 200mm，这样以后抽换 PVC 内的线，不会导致线管晃动。PVC 线管用管卡固定，间距一般需要小于 1.5m。在进入配电箱、开关、插座盒端口 150mm 处，应设管卡固定。

5.8 插座的类型

普通插座，一般是单相线 220V50Hz。专用插座，有三相线 380V50Hz。插座有三孔、五孔、带开关插座、不带开关插座等。一些插座的特点如图 5-9 所示。插座的基本接线特点如图 5-10 所示。

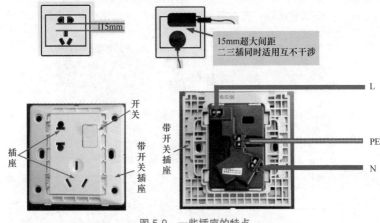

图 5-9 一些插座的特点

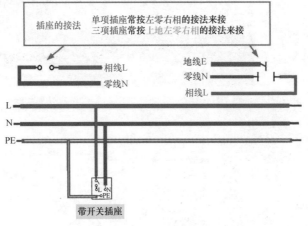

图 5-10 插座的基本接线特点

5.9 插座回路与配线

一些场所插座回路的设置见表 5-11 所示。
5-2。插座回路的配线技巧图解如图

表 5-2 一些场所插座回路的设置

场合	插座数	备注
无尘室	距离约 5m 装一组	考虑无尘室内是否有测试仪器等需提供插座供应用电
工厂厂区	每一柱位一组	
机械室，机房等	原则上一间机房内一组，视大小而定	
办公室（小空间）	约 3~6 组	主管室及会议室
办公室（大空间）	按办公人员每一位一组，墙壁距离约 5m 装一组	

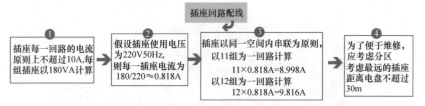

图 5-11 插座回路的配线技巧图解

5.10 一些电器插座安装的规则

一些电器插座安装的规则见表 5-3。

表 5-3 一些电器插座安装的规则

名称	解说
柜式空调	柜式空调器电源插座一般在相应位置距地面 0.3m 处
近灶台	近灶台上方处不得安装插座
洗衣机	洗衣机插座距地面一般为 1.2~1.5m 间，并且一般选择带开关三极插座
油烟机	油烟机插座需要根据橱柜设计，安装在距地 1.8~2m 的高度，最好能为脱排管道所遮蔽
窗式空调	窗式空调插座可在窗口旁距地面 1.4m 处
电冰箱	电冰箱插座距地面一般为 0.3m 或 1.5m，并且一般选择单三极插座
电热水器	电热水器插座一般在热水器右侧距地 1.4~1.5m 处安装，注意不要将插座设在电热器上方
分体式、挂壁空调	一般根据出线管预留洞位置，约距地面 1.8m 处

5.11 插座安装的要求

插座安装最终效果要横平竖直、紧贴装饰面，插座的高度差允许为 0.5mm，同一场所的高度差为 5mm，图例如图 5-12 所示。

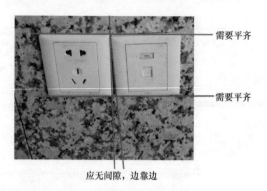

需要平齐

需要平齐

应无间隙，边靠边

插座的高度差允许为0.5mm;同一场所的高度差为5mm

图 5-12　插座安装的要求图例

插座连接线，为三线——相线、零线、地线，如图 5-13 所示。多个插座间连接线的特点如图 5-14 所示。

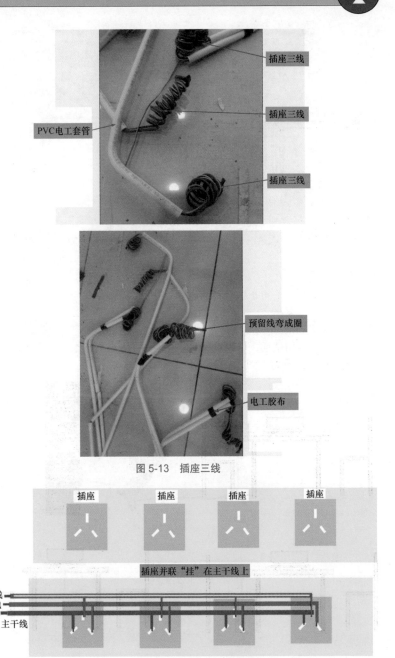

图 5-13　插座三线

图 5-14　多个插座间连接线的特点

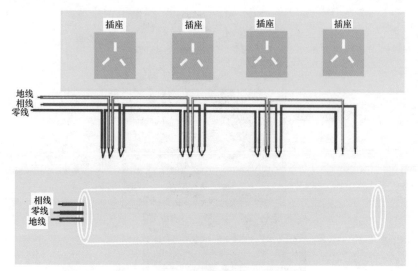

图 5-14　多个插座间连接线的特点（续）

5.12　地插的应用与特点

　　有的场所应用地插，可以达到用电方便、安全，图例如图 5-15 所示。

地插的特点与安装要点如图 5-16 所示。

图 5-15　应用地插的优点图例

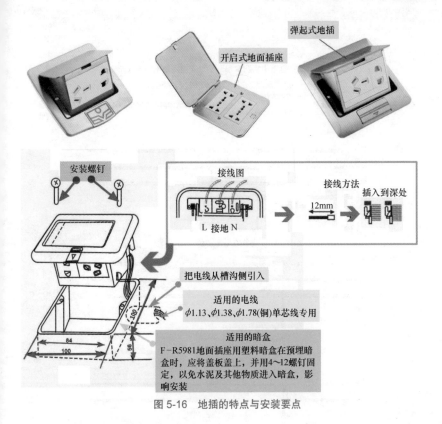

图 5-16　地插的特点与安装要点

5.13　开关连线的特点

开关连线的特点图解如图 5-17 所示。

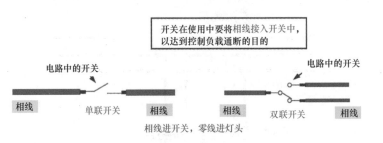

图 5-17　开关连线的特点图解

单联开关在电路中单个使用便可控制电路的通断
双联开关在电路中需两个配套使用才能控制电路的通断

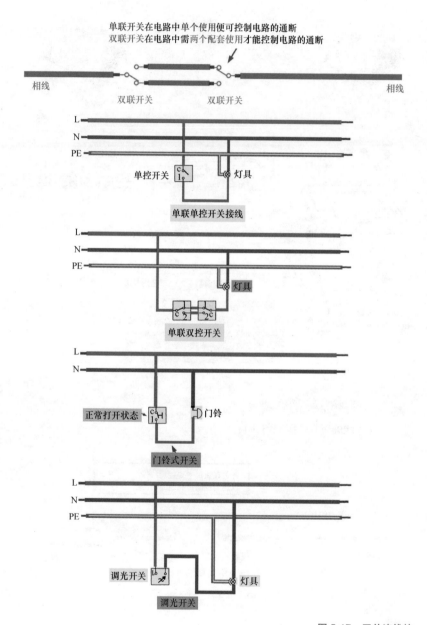

相线　　　　　　　　　　　　　　　　　　　相线

双联开关　　　　双联开关

单控开关　　　灯具

单联单控开关接线

灯具

单联双控开关

正常打开状态　　门铃

门铃式开关

调光开关　　　灯具

调光开关

图 5-17　开关连线的

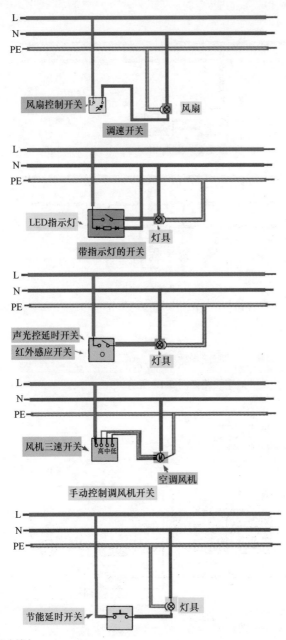

L
N
PE

风扇控制开关
调速开关
风扇

LED指示灯
带指示灯的开关
灯具

声光控延时开关
红外感应开关
灯具

风机三速开关
高中低
手动控制调风机开关
空调风机

节能延时开关
灯具

特点图解（续）

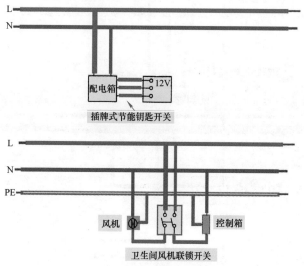

图 5-17　开关连线的特点图解（续）

5.14　一控一灯一开关一插座线路

一控一灯一开关一插座线路如图 5-18 所示。

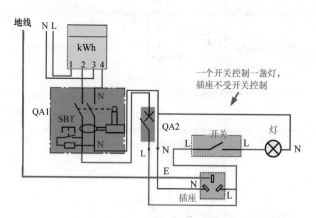

图 5-18　一控一灯一开关一插座线路

5.15　双控开关控制一灯线路

双控开关控制一灯线路如图 5-19 所示。

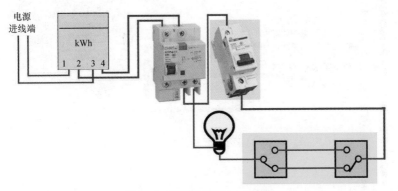

图 5-19　双控开关控制一灯线路

5.16　双控开关、单控开关与插座线路

双控开关、单控开关与插座线路如图 5-20 所示。

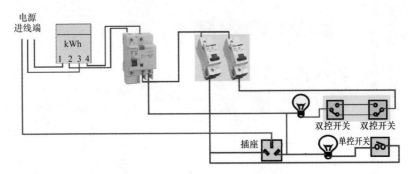

图 5-20　双控开关、单控开关与插座线路

5.17　两极双路开关用做转换开关线路

两极双路开关用做转换开关线路如图 5-21 所示。

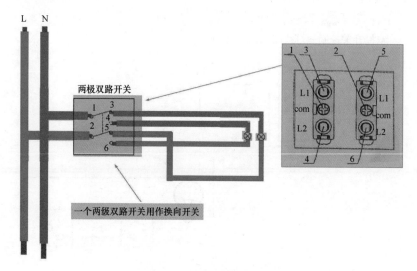

图 5-21　两极双路开关用做转换开关线路

5.18　两只两极双路开关用做双控开关线路

两只两极双路开关用做双控开关线路如图 5-22 所示。

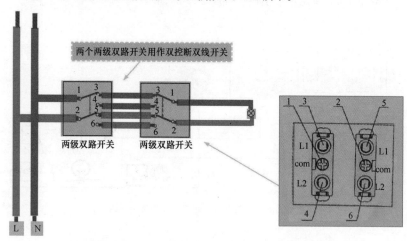

图 5-22　两只两极双路开关用做双控开关线路

5.19　三处控制同一电器电路

三处控制同一电器电路如图 5-23 所示。

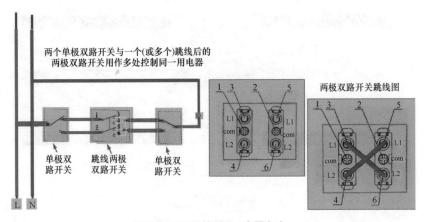

图 5-23　三处控制同一电器电路

5.20　一进三出开关特点与接线

一进三出开关特点与接线如图 5-24 所示。

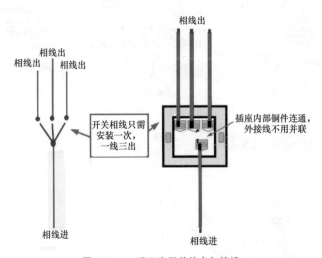

图 5-24　一进三出开关特点与接线

5.21　塑料导管与箱盒连接

塑料导管与箱盒连接图解技巧如图 5-25 所示。

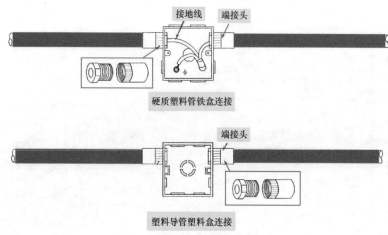

图 5-25　塑料导管与箱盒连接图解技巧

5.22　吊扇的安装

吊扇的安装图解技巧如图 5-26 所示。

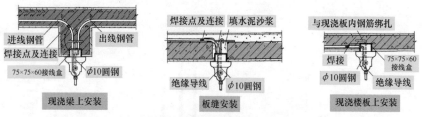

图 5-26　吊扇的安装图解技巧

5.23　摇头扇的壁装

摇头扇的壁装图解技巧如图 5-27 所示。

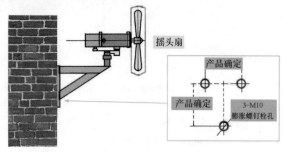

图 5-27　摇头扇的壁装图解技巧

5.24 轴流排风扇的安装

轴流排风扇的安装图解技巧如图 5-28 所示。

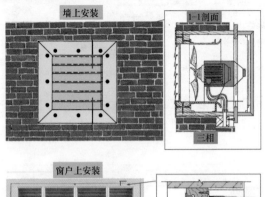

图 5-28　轴流排风扇的安装图解技巧

5.25 吊顶内轻钢龙骨上金属管敷设

吊顶内轻钢龙骨上金属管敷设图解技巧如图 5-29 所示。

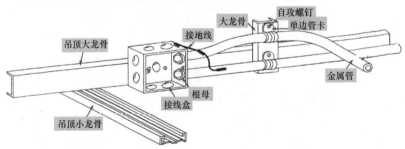

图 5-29　吊顶内轻钢龙骨上金属管敷设图解技巧

5.26 接线盒在吊顶上嵌入安装

接线盒在吊顶上嵌入安装图解技巧如图 5-30 所示。

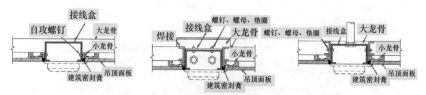

图 5-30　接线盒在吊顶上嵌入安装图解技巧

5.27　吊顶内金属管布线技巧

吊顶内金属管布线技巧如图 5-31 所示。

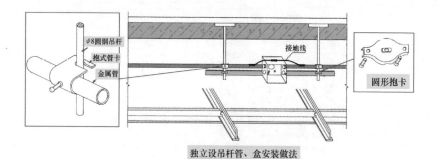

图 5-31　吊顶内金属管布线技巧

5.28　金属管在轻质隔墙内安装

金属管在轻质隔墙内安装图解技巧如图 5-32 所示。

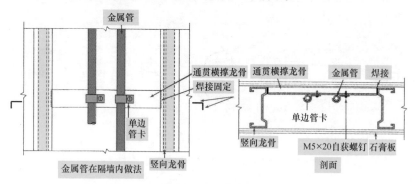

金属管在轻质隔墙内竖向安装

图 5-32　金属管在轻质隔墙内安装图解技巧

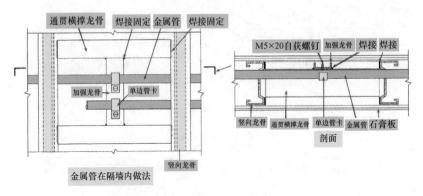

金属管在轻质隔墙内水平安装

图 5-32　金属管在轻质隔墙内安装图解技巧（续）

5.29　管路进出配电箱的安装

管路进出配电箱的安装图解技巧如图 5-33 所示。

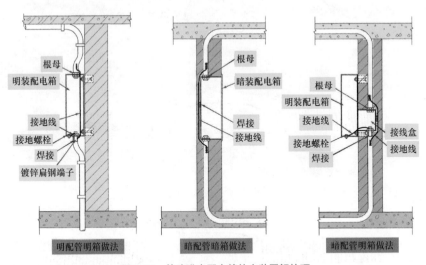

图 5-33　管路进出配电箱的安装图解技巧

5.30　金属管与箱盒连接的安装

镀锌金属导管、可弯曲金属导管只能够用接地卡跨接，并且截面不小于 4mm^2。金属管与箱盒连接的安装图解技巧如图 5-34 所示。

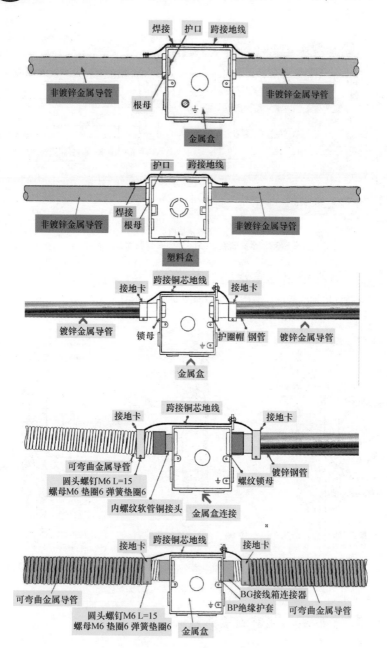

图 5-34　金属管与箱盒连接的安装图解技巧

5.31 可弯曲金属导管在顶棚内的安装

可弯曲金属导管在顶棚内的安装图解技巧如图5-35所示。

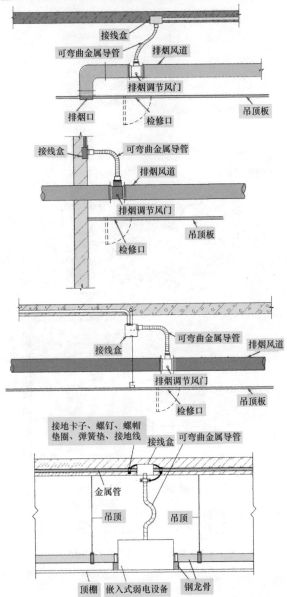

图5-35　可弯曲金属导管在顶棚内的安装图解技巧

5.32 可弯曲金属导管与箱、盒的连接

可弯曲金属导管与箱、盒的连接图解技巧如图 5-36 所示。

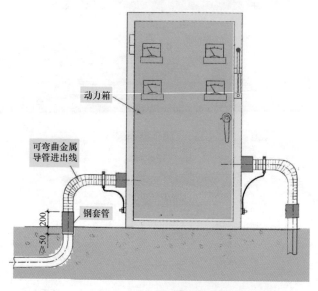

动力箱

可弯曲金属
导管进出线

钢套管

200
≥50

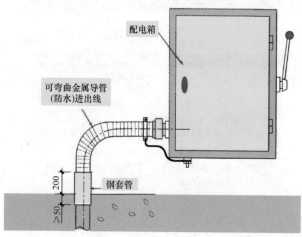

配电箱

可弯曲金属导管
(防水)进出线

钢套管

200
≥50

图 5-36 可弯曲金属导管与箱、盒的连接图解技巧

5.33 利用金属软管过变形缝

利用金属软管过变形缝的图解技巧如图 5-37 所示。

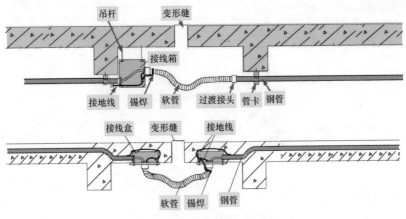

图 5-37　利用金属软管过变形缝的图解技巧

5.34　吊顶内管线过变形缝

吊顶内管线过变形缝的图解技巧如图 5-38 所示。

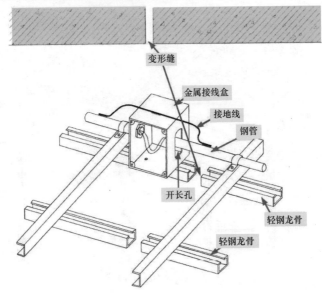

图 5-38　吊顶内管线过变形缝的图解技巧

5.35　电缆桥架

电缆桥架的图解技巧如图 5-39 所示。

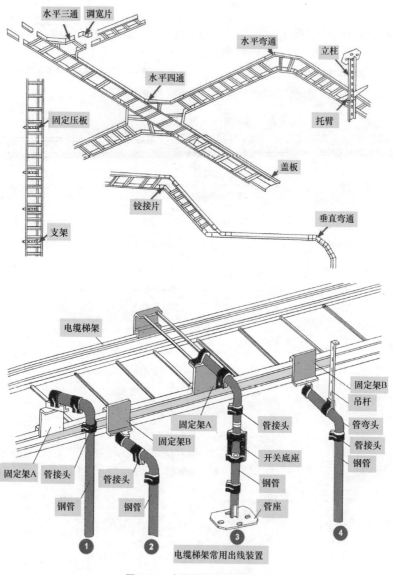

电缆梯架常用出线装置

图 5-39　电缆桥架的图解技巧

5.36 金属槽盒的安装

金属槽盒的安装图解技巧如图 5-40 所示。

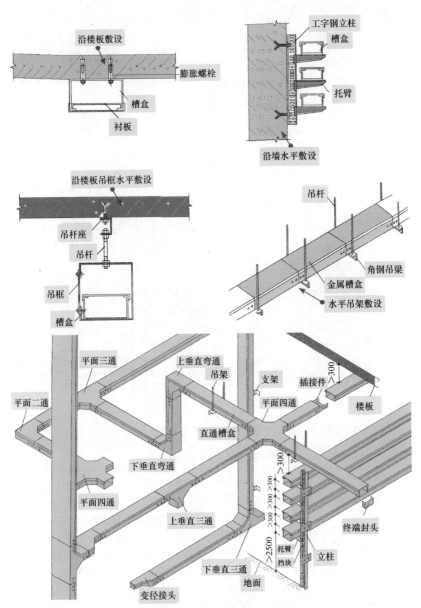

沿楼板敷设

膨胀螺栓

槽盒

衬板

工字钢立柱

槽盒

托臂

沿墙水平敷设

沿楼板吊框水平敷设

吊杆座

吊杆

吊框

槽盒

吊杆

角钢吊梁

金属槽盒

水平吊架敷设

平面三通

上垂直弯通

吊架

支架

插接件>300

楼板

平面二通

平面四通

直通槽盒

平面四通

下垂直弯通

上垂直三通

>300
>300
>300
>300
>2500

托臂
挡块

立柱

终端封头

下垂直三通

地面

变径接头

图 5-40　金属槽盒的安装图解技巧（单位：mm）

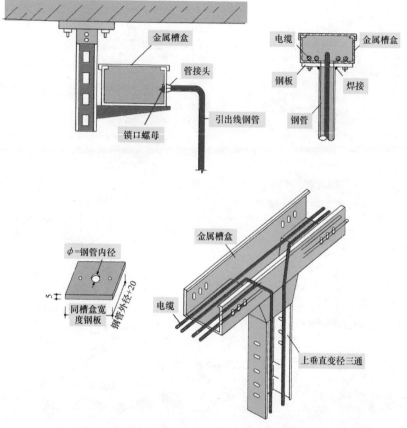

图 5-40　金属槽盒的安装图解技巧（单位：mm）（续）

5.37　网吧电脑用电的特点与设计

网吧电脑用电可以说是网吧最大的用电负荷，其有关特点与设计如下：

1）总功率——电脑用电总功率 = 每台电脑功率 × 电脑数量。例如，每台电脑一般为 150W 左右，则 200 台电脑的网吧的电脑用电总功率 = 每台电脑功率 × 电脑数量 = 150W × 200 = 30000W。

2）连接方式——一般不采用逐一串联模式，除非台数非常少。一般的网吧需要采用分组点接的方式：插座点间一般每隔 1.5m 一个（一般可以选择 10A 三芯国标插座），每个插座点可以利用多孔插座为 3~5 台电脑使用，9~15 台电脑为一组，使用一个空气开关控制，整个网吧一般分为 4~6 组或者更多的组。

网吧电脑插座设计分布图如图 5-41 所示。

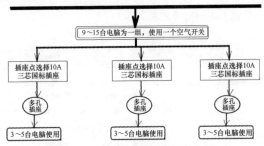

图 5-41　网吧电脑插座设计分布图

5.38　网吧空调用电的特点与设计

空调是网吧必须配置的一种电器，也是比较大的用电负荷，其有关特点与设计如下：

1）总功率——空调用电总功率 = 每台空调功率 × 空调数量。例如每台空调功率一般在 3500~4500W 间。中型网吧一般要采用 4~6 台柜式空调。

2）布线——需要专用电源线路。

一般的网吧需要 6mm² 的铜导线。

3）控制——需要分组控制。每个空调设计一个空气开关控制。

4）新型节能环保空调——可以选择水冷空调。

5）排水——空调制冷系统排水要顺畅，否则可能导致空调启动自动保护而进入"跳闸"状态。

5.39　美食娱乐城有关电器、开关、插座尺寸数据

美食娱乐城有关电器、开关、插座尺寸数据见表 5-4。

表 5-4　美食娱乐城有关电器、开关、插座尺寸数据

名　称	参考尺寸数据
带指示灯暗装三极开关	距地 1.3m
带指示灯暗装双极开关	距地 1.3m
等电位联结箱接地母线铜排	距地 0.5m
电话插座	距地 0.3m
有线电视分配器箱	距地 1.5m
照明配电箱	总箱落地安装，分箱距地 1.5m
总配线架	距地 1.5m
安全出口标志灯在门上梁侧安装	距门洞上 0.1m
暗装插座箱	距地 0.3m
暗装接地五孔插座	距地 0.3m
程控电话交换机	距地 1.5m
带指示灯暗装单极开关	距地 1.3m
动力配电箱	总箱落地安装，分箱距地 1.5m
疏散指示灯在出入口安装	吊管安装距顶 0.5m
疏散指示灯在走道墙壁安装	距地 0.8m

5.40 火锅店设备装修安装方式

火锅店设备装修参考安装方式见表5-5。

表5-5 火锅店设备装修参考安装方式

名　　称	参考安装方式
三联单控开关	暗装，下沿距地 1.3m
双联单控开关	暗装，下沿距地 1.3m
一般插座二极、三极组合插座（带保护门）	暗装，下沿距地 0.3m
节能筒灯	吊顶内嵌装
进线电表箱	嵌墙安装，下沿距地 1.6m
空调插座单相三极插座（带开关）	暗装，下沿距地 0.3m
照明配电箱	嵌墙安装，下沿距地 1.5m
中式吸顶灯	吊顶内嵌装
单联单控开关	暗装，下沿距地 1.3m
吊顶排气扇	吊顶内嵌装
光带灯	吊顶内嵌装
光电感烟探测器	吊顶内嵌装
花灯	吊顶下吊装
火灾报警装置	嵌墙安装，下沿距地 1.5m

5.41 火锅店有关尺寸数据

火锅店有关尺寸数据见表5-6。

表5-6 火锅店有关尺寸数据

名　　称	参考尺寸数据
墩子台	高 75~80cm
水槽	长 70cm × 宽 60cm × 高 75cm × 槽深 20cm
水沟（下水道）	宽 25cm × 深 15cm
碗架	长 258cm，每格高 40cm
一般行走通道	最小 100cm
白案台	长 120cm × 宽 70cm × 高 75cm
菜墩	高 15cm
出菜台	度 120cm × 高 100cm
调味台	长 200cm × 宽 80cm × 高 70cm

5.42 火锅店装修设计及水电要求

火锅店装修设计及水电要求如下：

1）火锅店配电系统一般包括照明、插座、空调、装饰照明、备用等，往往采用分组控制。

2）火锅店电话布线可以采用电缆埋地进行。

3）火锅店总配电箱内一般需要安装计量电能表。

4）如果采用天然气做气源，则一般采用预埋，输气管用氧焊接。并且要留有检修的位置以及要加压测试。另外，气源与电源要保持一定距离。

5）火锅店各层服务台一般设有照明配电箱。

6）火锅店进线方式及位置需要有关部门现场确定。

7）如果采用液化气做气源，则一般设计摆放在桌下，摆放气灶开关的方向要注意既方便服务员调节火候大小，又方便顾客调节火候大小。

8）一般情况火锅店广播、火灾报警系统可以选用 ZR-BV-0.5 线缆。

9）火锅店一般要求至少安装 2 路摄像机，一路监控收银台，一路监控大门。火锅店监控一般要求 24h 昼夜监控。

10）火锅店现场光线一般充足，一般情况可以选用普通摄像机即可。

11）火锅店监控图像一般要求进行实时存储，主机可以放置在收银台处。

12）火锅店从配电箱引出的配电线路一般要采用铜芯导线

13）火锅店需要配置足够的、相应的消防器材。

14）火锅店一些警示标志需要灯照，因此，需要首先设计好布线、布管、插座、接线盒、位置尺寸。

15）火锅店常见的电施有配电系统图、插座/空调/火灾报警平面图、天花照明平面图。

16）如果是多层的火锅店则需要有不同层楼的水电设施图。

17）一般的火锅店室外装饰照明预留电源预埋管可以选择 SC20 钢管，伸出室外即可。

18）一般的火锅店照明线路采用 BV-2.5mm^2 导线即可。

19）一般的火锅店插座线路采用 BV-4mm^2 型导线，线芯为三芯即可。

5.43 火锅城用电负荷的计算

火锅城用电负荷的计算方法如下：火锅城电磁炉用电总线为采用三相电，再经变压器进到变电箱后，按三相四线制走线。

举例：

一火锅城，以 300 台 1000W 电磁炉，每桌配备 2 台为例，计算如下：

电磁炉的总功率 = 单台最大功率 × 数量，即电磁炉总功率 =1000W × 300 台 =300kW

总设计负荷 =300kW × 1.3=390kW

每桌电磁炉功率 =1000W × 2=2kW

每桌电磁炉负荷 =2kW × 1.3=2.6kW

5.44 车库的电气

车库的一些电气要求、特点如下：

（1）特大型、大型车库，应根据一级负荷供电。中型车库，应根据不低于二级负荷供电。小型车库，可根据三级负荷供电。机械式停车设备，应根据不低于二级负荷供电。各类附建式车库供电负荷等级，不应低于该建筑物的供电负荷等级。

（2）大型、特大型机动车库，应设置出入口管理系统。中型、小型类机动车库，宜设置出入口管理系统。公共场所的大型、特大型机动车库，宜设置停车引导系统。

（3）车库内宜设配电室，其位置应便于管理、进出。

（4）车库照明配电回路，应根据功能、区域来划分。

（5）车库内照明应亮度分布均匀，避免眩光。

（6）车库，应根据需要设置通信系统、广播系统、建筑设备监控系统、安全防范系统等系统。

（7）机动车车库管理系统包括出入口管理系统、停车引导系统。不同建筑类型对车库管理的配置有不同的要求。

（8）机动车车库内，应根据行车需要设置标志灯、导向灯。

（9）机动车车库的出入口，宜设置指示机动车出入的信号灯、停车位指示灯。

（10）标志灯、导向灯、信号灯、停车位指示灯等均纳入停车引导系统统一考虑。

（11）车库内的人员疏散通道、出入口、配电室、值班室、控制室等用房，均应设置应急照明。

（12）坡道式地下车库出入口处，应设过渡照明。白天入口处亮度变化可根据10∶1~15∶1取值，夜间室内外亮度变化可根据2∶1~4∶1取值。

（13）车库内停车区域照明应集中控制，特大型和大型车库宜采用智能控制。

（14）机械式机动车车库内，应设检修灯、检修灯插座。

（15）机动车车库内，可根据需要设置36V、220V、380V电源插座。

（16）非机动车车库内，在管理室附近或出入口处，应设置电源插座。

（17）车库内照明标准值见表5-7。

表5-7　车库内照明标准值

名　　称		规定照度作业面	功率密度 / (W/m²)		照度lx	眩光值UGR	显色指数R_a
			现行值	目标值			
保修间、洗车间		地面	7.5	6.5	200	—	80
管理办公室、值班室		距地 0.75m	9	8	300	19	80
卫生间		地面	3.5	3	75	—	60
机动车停车区域	行车道（含坡道）	地面	2.5	2	50	28	60
	停车位		2	1.8	30	28	60
非机动车停车区域	行车道（含坡道）	地面	3.5	3	75	—	60
	停车位		2.5	2	50	—	60

注：行车弯道处，照度标准值宜提高一级。

5.45 酒吧常见的配电箱

酒吧常见的配电箱见表5-8。

表 5-8 酒吧常见的配电箱

名称	解说
电脑控制灯配电箱	电脑控制灯配电箱可以分控电脑控制灯
照明、电视、插座、藏灯配电箱	照明、电视、插座、藏灯配电箱主要控制预留线、靓女吧灯箱、立柱藏灯、电视电源、卡座地台藏灯、沙发茶几藏灯、墙面 LED 灯源、配电箱主源等
有线电视配电箱	有线电视等
照明配电箱	照明配电箱可以分控主电源、立柱藏灯、天花藏灯、库房照明、卫生间藏灯、发光字电源、入口地面 LED 灯电源、入口 LED 灯电源、形象墙 LED 灯电源、出口处藏灯、霓虹灯电源、卫生间过道地面藏灯、出口处预留线、预留线等，有的线路还需要分几组分控
照明、应急、动力配电箱	照明、应急、动力配电箱可以分控天花藏灯、工矿灯（应急照明）、应急天花藏灯、应急灯插座、出口处吧柜插座、出品处墙壁插座、应急灯插座、主流风机电源等，有的线路还需要分几组分控

5.46 洗浴中心主要功能间与其设置设备

洗浴中心主要功能间与其设置设备如下：

男卫——照明、开关、卫生洁具、给排水等。

男更衣间——照明灯具、开关、插座、配电箱等。

女卫——照明、开关、卫生洁具、给排水等。

女更衣间——照明灯具、开关、插座、配电箱等。

小商场——照明灯具、开关、插座、配电箱等。

休息区——照明灯具、开关、插座、有线电视、空调等。

存鞋区——照明灯具、开关、插座、配电箱等。

搓背按摩间——照明灯具、开关、插座、轴流风机等。

配电室——照明灯具、开关、配电箱等。

水箱间——照明灯具、开关、插座、循环水泵（一般需要一备一用）等。

洗浴大厅（男）——热水池、温水池、照明灯具、开关、轴流风机等。

消防控制室——照明灯具、开关、插座、控制箱等。

阀门间——照明、开关、阀门等。

服务台——照明灯具、开关、插座、控制箱等。

另外，有的洗浴中心还有桑拿浴、干蒸房、理发房等。

5.47 大型茶楼功能间与其特点

大型茶楼功能间与其特点见表5-9。

表 5-9　大型茶楼功能间与其特点

功能间或者空间	设备或者设施
半封闭式情侣包厢	灯、开关、插座等
服务区	服务台、地砖铺地、开关、插座等
总经理办公室	地板砖铺地、白乳胶漆墙面、开关、插座等
财务办公室	地板砖铺地、白乳胶漆墙面、开关、插座等
女更衣室	地砖铺地、白乳胶漆墙面、灯、开关等
男更衣室	地砖铺地、白乳胶漆墙面、灯、开关等
值班室	地砖铺地、白乳胶漆墙面、床铺、照明、灯、开关、插座等
食品仓库	地砖铺地、白乳胶漆墙面、灯、开关、插座等
男卫生间	防滑砖铺地、洗手盆、冲水器、照明、排气设施等
女卫生间	防滑砖铺地、洗手盆、冲水器、照明、排气设施等
散座区	板砖铺地、空调、吊式电视机、灯、开关、桌椅、插座等
半封闭式卡座区	灯、开关、插座等
厨房	电器、餐具台（柜）、生鲜台（柜）、鱼池、案板（柜）、洗涤池、灶台、防滑砖铺地、开关、插座等
包房 1	地板砖铺地、电视、挂衣架、桌椅等
包房 2	地板砖铺地、电视、挂衣架、桌椅、沙发、开关、灯等
包房 3	地毯铺地、备餐柜、电视、挂衣架、桌椅、暗藏白光灯带、白光节能筒灯、开关、插座、灯、插座等

5.48　小型超市水电设备常见安装方式

小型超市水电设备常见安装方式见表 5-10。

表 5-10　小型超市水电设备常见安装方式

设备名称	安装方式
弱电箱	底高 1.8m
三联单控开关	底高 1.4m
疏散指示灯	一般离地 0.5m
双管 T8 荧光灯	距地 3.0m 管吊
双管荧光灯	挂高 3m，自带应急 30min 蓄电池
双联单控开关	底高 1.4m
单相五孔插座	距地 0.3m
电表箱	挂墙安装，底高 1.4m
电源分配箱	挂墙安装，底高 1.4m
双面疏散引导灯	紧贴荧光灯下方管吊，自带 30min 蓄电池
吸顶灯	自带应急 30min 蓄电池
引导灯	一般门上 0.1m

（续）

设备名称	安装方式
照明配电箱	距地 1.5m 落地支架安装，或者底高 1.8m
总等电位联结端子箱	距地 0.5m
安全出口灯	紧贴荧光灯下方管吊，自带 30min 蓄电池
单相柜式空调插座	距地 0.3m
单相三极暗插座	底高 0.4m
单管荧光灯	挂高 3m
单联单控开关	底高 1.4m
单相二三极暗插座	底高 1.4m

5.49　美容院灯具与插座常见定位

美容院灯具与插座常见定位见表 5-11。

表 5-11　美容院灯具与插座常见定位

名　称	参考定位
内线电话插座	离地 1300mm
外线电话插座	离地 300mm
高位插座	离地 2200mm
宽带出线插座	离地 300mm
中位插座	离地 1200mm
壁灯	离地 1700mm
壁挂空调插座	离地 2200mm
低位插座	离地 300mm
电视插座	离地 300mm

5.50　街面房设备常见安装方式

街面房设备常见安装方式见表 5-12。

表 5-12　街面房设备常见安装方式

名称	安装方式	名称	安装方式
CATV 插口	高度 0.9m	单相暗装空调插座（带接地）	高度 2.2m
CATV 电源插座	高度 0.9m	单相插座（带接地）	高度卫 1.3m、其余 0.3m
暗装单控开关	高度 1.3m	电话出线盒	高度 0.3m
暗装双控开关	高度 1.3m	电话交换机	高度 1.0m
壁灯	高度 1.5m	吊扇开关	高度 1.3m
床头控制柜	高度 0.3m	配电箱	高度 1.4m

5.51 宾馆酒店客房插卡取电节能配电箱回路的设计、安装

宾馆酒店客房插卡取电节能配电箱回路，需要根据宾馆酒店客房约定俗成的行业惯例、相关规程、标准来设计、安装。客房配电箱回路的常见设置见表5-13。

常规的客房插卡取电配电箱回路图例如图5-42所示。

表5-13　客房配电箱回路的常见设置

回路名称	负荷量	控制特点
电脑电源与充电插座	一般大约≤1kVA	可以考虑10A单极断路器+漏电保护开关控制，并且受控于插卡取电开关
电热水器或电冰箱	一般大约≤2kVA	可以考虑10A/16A单极断路器，只受控于总开关，不受控于插卡取电开关
独立窗机空调	一般大约≤2.5kVA	可以考虑10A/16A单极断路器，并且受控于插卡取电开关
房间总开关	常规大约为3~4kVA，有特殊电加热设备应酌增	（1）接通/关闭整个客房总电源 （2）可以考虑16A/20A单极断路器+漏电保护开关控制方式 （3）如果分支回路设漏电保护开关，则可以采用双极断路器
集控板回路	一般大约≤2kVA	（1）控制卧房的所有照明、风机调速等功能 （2）可以考虑10A/16A单极断路器+漏电保护开关控制，并且受控于插卡取电开关
墙面清扫插座	一般大约≤2kVA	可以考虑10A/16A单极断路器+漏电保护开关，并且只受控于总开关，不受控于插卡取电开关
卫生间电淋浴器	一般大约≤2kVA	可以考虑10A/16A单极断路器+漏电保护开关控制，并且受控于插卡取电开关
卫生间照明	一般大约≤1kVA	可以考虑10A单极断路器+漏电保护开关控制，并且受控于插卡取电开关

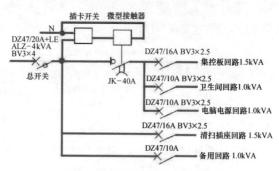

10回路　总开关漏电保护式配电箱系统图

图5-42　常规的客房插卡取电配电箱回路图例

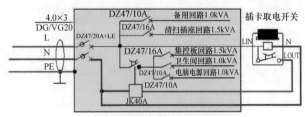

总开关漏电保护式配电箱系统图

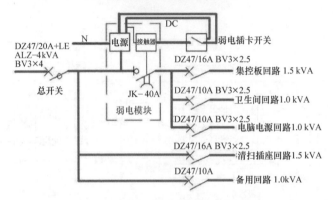

12回路箱体　弱电器件型配电箱系统图

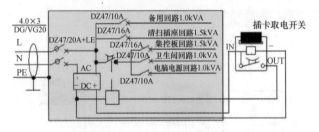

弱电器件型配电箱系统接线图

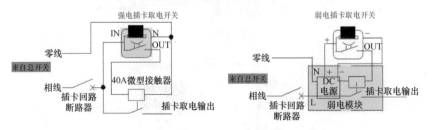

强电型/弱电型插卡取电开关的接线

图 5-42　常规的客房插卡取电配电箱回路图例（续）

5.52 客房插卡取电节能配电箱安装位置的选择

客房插卡取电节能配电箱安装位置的选择要点如下：

（1）配电箱安装底口距地坪一般为1.5m。

（2）小走廊没有设置大衣橱的，则可以在走廊墙面地坪上1500mm高度暗装配电箱。

（3）小走廊有大衣橱的，则可以在大衣橱后墙板，或侧墙板的1800mm高度处，根据配电箱尺寸的大小留矩形孔，然后把配电箱安装在墙面，再在大衣橱上设计成隔板、活动门，将配电箱整个罩起来。

（4）走廊天花板上，可以明装配电箱。

配电箱安装方式如图5-43所示。

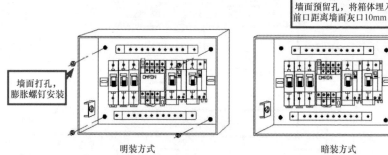

墙面打孔，膨胀螺钉安装

墙面预留孔，将箱体埋入，前口距离墙面灰口10mm

明装方式　　　　　　　　暗装方式

图5-43　配电箱安装方式

5.53 计费插座的安装

计费插座的安装图解如图5-44所示。

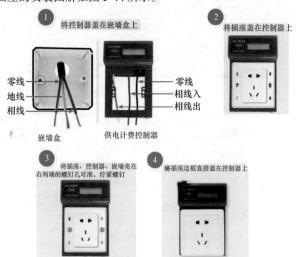

① 将控制器盖在嵌墙盒上

零线
地线
相线

嵌墙盒　　供电计费控制器

零线
相线入
相线出

② 将插座盖在控制器上

③ 将插座、控制器、嵌墙壳在右两端的螺钉孔对准，拧紧螺钉

④ 将插座边框直接盖在控制器上

图5-44　计费插座的安装图解

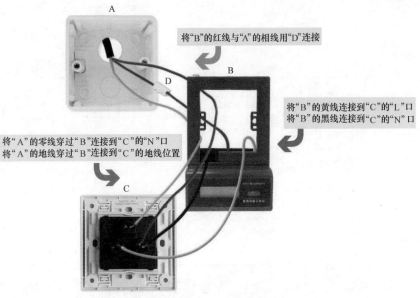

将"B"的红线与"A"的相线用"D"连接

将"B"的黄线连接到"C"的"L"口
将"B"的黑线连接到"C"的"N"口

将"A"的零线穿过"B"连接到"C"的"N"口
将"A"的地线穿过"B"连接到"C"的地线位置

图 5-44　计费插座的安装图解（续）

5.54　自动门的安装与接线

自动门的安装与接线图解细节如图 5-45 所示。

自动门　　探测器

图 5-45　自动门的安装与接线图解细节

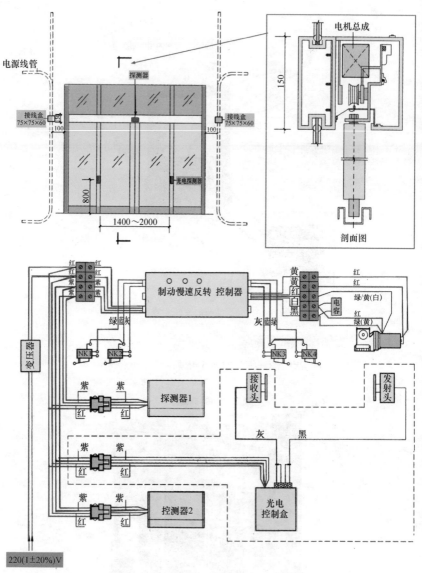

图 5-45 自动门的安装与接线图解细节（续）

5.55 自动伸缩门的安装

自动伸缩门的安装图解细节如图 5-46 所示。

自动伸缩门

自动伸缩由门体、驱动装置、控制系统组成
开门机采用单相电容运转式电动机，可遥控电动操作

① 有轨单开门无掩体示意

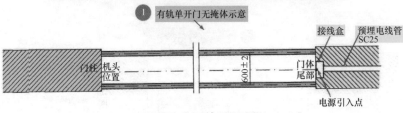

② 有轨双开门无掩体示意

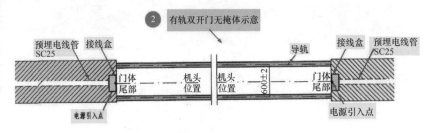

③ 无轨单开门有掩体示意

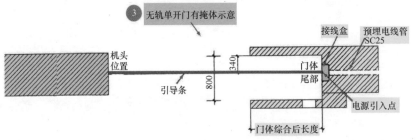

图 5-46　自动伸缩门的安装图解细节（单位：mm）

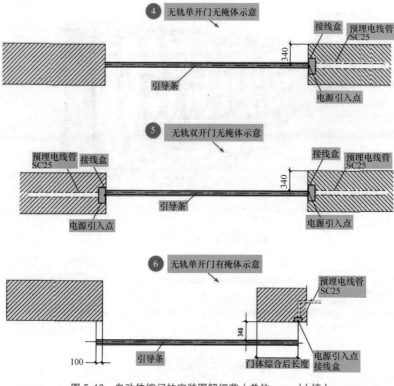

④ 无轨单开门无掩体示意

接线盒
预埋电线管/SC25
340
引导条
电源引入点

⑤ 无轨双开门无掩体示意

预埋电线管SC25
接线盒
接线盒
预埋电线管SC25
340
引导条
电源引入点
电源引入点

⑥ 无轨单开门有掩体示意

预埋电线管/SC25
340
100
引导条
门体综合后长度
电源引入点
接线盒

图 5-46　自动伸缩门的安装图解细节（单位：mm）（续）

第 6 章

照明灯具教你用

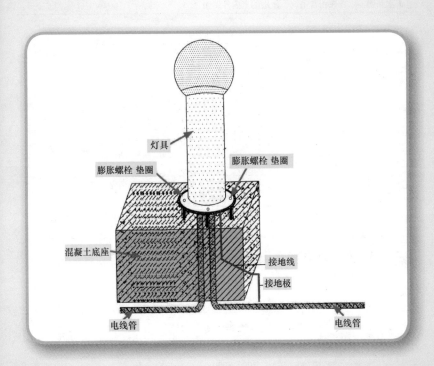

灯具

膨胀螺栓 垫圈

膨胀螺栓 垫圈

混凝土底座

接地线

接地极

电线管

电线管

6.1 照明方式与照明种类

照明方式见表6-1，照明种类见表6-2。

表6-1 照明方式

照明方式	解　说
一般照明	为照亮整个场所而设置的均匀照明
分区一般照明	对某一特定区域，如进行工作的地点，设计成不同的照度来照亮该区域的一般照明
局部照明	用于特定视觉工作，为照亮某个局部而设置的照亮
混合照明	由一般照明和局部照明组成的照明
正常照明	在正常情况下使用的室内外照明

表6-2 照明种类

照明种类		解　说
正常照明		在正常情况下使用的室内外照明
值班照明		非工作时间，为值班所设置的照明
警卫照明		用于警戒而安装的照明
障碍照明		在可能危及航行安全的建筑物或构筑物上安装的标志灯
因正常照明的电源失效而启用的照明	备用照明	为应急照明的一部分，用于确保正常活动正常进行的照明
	安全照明	为应急照明的一部分，用于确保处于潜在危险中的人员安全的照明
	疏散照明	为应急照明的一部分，用于确保疏散通道被有效地辨认而使用的照明

6.2 光源的分类参数与光源的色表类别

光源的分类参数见表6-3。光源的色表类别见表6-4。

表6-3 光源的分类参数

光源种类			显色指数（Ra）	色温/K	额定寿命/h	功率/W	光效/（lm/W）	应用
荧光灯	双端	工频	>82	2700~6500	7000~8000	15~125	40~80	标志、安装在墙上及建筑物顶棚的灯具内，内透光照明
		高频	>82	2700~6500	8000~10000	14~80	75~100	
	单端		>80	2700~6500	≥6000	5~40	44~72	标志、安装在墙上和杆顶的灯具内，轮廓照明
	自镇流		>80	2700~6500	≥6000	5~60	40~60	
	无极灯		80	2700~6400	60000~100000	23~200	70~82	场地、道路、隧道照明

（续）

光源种类		显色指数（Ra）	色温/K	额定寿命/h	功率/W	光效/(lm/W)	应用
荧光灯	紫外灯	—	—	≥ 4000	4~36	—	装饰照明、激发荧光涂料
	冷阴极灯	>80	2700~1000	≥ 20000	12~30	40~60	桥梁、建筑物轮廓照明、广告及标牌照明
白光 LED		70~95	2300~6500	≥ 30000	≤ 5（单颗）	80~130	装饰、轮廓照明，紧急出口标志
彩色 LED		—	—	≥ 30000	<5（单颗）	—	装饰照明
霓虹灯		—	—	≥ 8000	—	—	装饰、轮廓照明
镁钠灯		—	—	≥ 2000	10~34W/m	—	装饰、轮廓照明
高压钠灯	高显色	85	2500	≥ 8000	15~400	44~55	场地及建筑物泛光照明
	中显色	≤ 60	2170	10000~12000	15~400	70~80	场地及建筑物泛光照明
	普通	<40	1950	12000~18000	50~1000	64~120	场地及建筑物泛光照明、矮柱灯、道路及杆顶照明
低压钠灯		—	—	≥ 7000	18~180	68~155	道路、隧道照明
金属卤化物灯	钠铟涂粉玻璃	68	4300	≥ 10000	250~400	65~75	场地及建筑物泛光照明
	钪钠透明玻壳	65	4000	≥ 10000	175~1000	80~110	场地及建筑物泛光照明
	直管透明玻壳	65	4500	≥ 10000	250~2000	65~90	场地及建筑物泛光照明，小功率重点照明
	陶瓷金卤灯	80~85	3000，4200	9000~15000	20~400	90~95	场地及建筑物泛光照明，小功率重点照明
	彩色	75	5000~7000	<5000	150~400	55~75	场地及建筑物泛光照明、泛光、装饰照明

表 6-4　光源的色表类别

色表类别	色表	相关色温/K	应用场所举例
I	暖	<3300	客房、卧室、餐厅、酒吧、病房
II	中间	3300~5300	办公室、阅览室、教室、诊室、机加工车间、仪表装配
III	冷	>5300	高照度场所、热加工车间，或白天需补充自然光的房间

6.3 灯具防护等级和造型

灯具防护等级和造型见表 6-5。

表 6-5　灯具防护等级和选型

第一位数字所表示的防护等级和选型表			
第一位特征数字	防护等级说明	防护等级含义	适用灯具
0	无防护	没有特殊保护	普通灯具
1	防大于 50mm 的固体异物	防大于 50mm 的固体异物进入，能防止人手无意识进入	防固体异物灯具
2	防大于 12mm 的固体异物	防大于 12mm 的固体异物进入，能防止手指进入	防固体异物灯具
3	防大于 2.5mm 的固体异物	能防止直径大于 2.5mm 的固体异物进入	防固体异物灯具
4	防大于 1mm 的固体异物	能防止直径大于 1mm 的固体异物进入	防固体异物灯具
5	防尘	不能完全防止尘埃进入，但可以让进入量不能达到妨碍设备正常运转的程度	室外投光灯、防尘灯
6	尘密	无尘埃进入	室外投光灯、尘密型灯具
第二位数字所表示的防护等级和选型表			
第一位特征数字	防护等级说明	防护等级含义	适用灯具
0	无防护	没有特殊保护	普通灯具
1	防水滴	防垂直滴水	防滴水灯具
2	15° 防滴水向上倾斜	与铅垂直线成 15° 范围内的滴水无有害影响	防滴水灯具
3	防淋水	与铅垂直线成 60° 范围内的滴水无有害影响	防淋水灯具
4	防溅水	从任何方向的溅水无有害影响	防溅水灯具
5	防喷水	从任何方向的喷水无有害影响	防喷水灯具
6	防海浪或强力喷水	猛烈海浪或强力喷水无有害影响	防强喷灯具 海岸边防水灯具
7	防浸水	规定的压力和时间下浸在水中，进水量无有害影响	水密型灯具
8	防潜水	规定的压力长时间浸在水中而不受影响	压力水密型灯具 水下灯具

6.4　灯具的应用

门店照明设计时可选择的光源如下：

（1）商店营业厅宜采用细管径直管形荧光灯、紧凑型荧光灯、小功率的金属卤化物灯。

（2）高度较低房间，例如办公室、教室、会议室宜采用细管径直管形荧光灯。

（3）高度较高的工业厂房，应按照生产要求，可采用金属卤化物灯、高压钠灯、大功率细管径荧光灯。

（4）一般情况下，室内外照明不应采用普通照明白炽灯；特殊情况下需采用时，其额定功率不应超过100W。

（5）下列工作场所可采用白炽灯：

1）对防止电磁干扰要求严格的场所。

2）照度要求不高，且照明时间较短的场所。

3）对装饰有特殊要求的场所。

4）开、关灯频繁的场所。

5）要求瞬时启动和连续调光的场所，使用其他光源技术在经济上不合理时。

（6）一般照明场所不宜采用荧光高压汞灯，不应采用自镇流荧光高压汞灯。

（7）应急照明应选用能快速点燃的光源。

（8）根据识别颜色要求和场所特点，选用相应显色指数的光源。

（9）灯具的应用见表6-6。

表6-6　灯具的应用

项目 \ 灯具分类		漫射型灯具	半间接型灯具	间接型灯具	直接型灯具	半直接型灯具
光能量	上半球	40~60	60~90	90~100	0~10	10~40
	下半球	60~40	40~10	100~0	100~90	90~60
灯具特性		上下半球的光通量基本相同，光线柔和，明亮效果好，直接眩光少，无阴影	光通量下半球少于上半球，光线柔和，光通量利用率较低，无明显阴影	光通量绝大部分在上半球，光线柔和，光通量利用率较低，无明显阴影	光通量集中在下半球，光通量利用率高，易获得局部高照度，立体感差，顶棚较暗，室内表面亮	光通量下半球多于上半球，空间照射柔和，无明显阴影，顶棚较暗
应用场所		具有一定环境气氛公共场所	投资大、强调照明艺术效果场所	投资大、强调照明艺术效果场所	一般照明、局部照明	具有一定环境气氛公共场所
灯具举例		乳白玻璃罩灯具	反射型吊灯、反射型壁灯、暗槽反射灯	反射型吊灯、反射型壁灯、暗槽反射灯	深照型灯具、配照型灯具、广照型灯具、控照型灯具	花吊灯、透光罩灯具或者灯具上部开口透光
备注					窄配光适用于层高高于6m的房间且垂直照度低	直接照射时稍亮，改善明暗对比，眩光少

6.5　店装公装照明标准值

商业建筑照明标准值见表6-7。办公建筑照明标准值见表6-8。展览馆展厅照明标准值见表6-9。公用场所照明标准值见表6-10。

表 6-7　商业建筑照明标准值

房间或场所	参考平面及其高度	照度标准值 /lx	UGR	Ra
一般商店营业厅	0.75m 水平面	300	22	80
高档商店营业厅	0.75m 水平面	500	22	80
一般超市营业厅	0.75m 水平面	300	22	80
高档超市营业厅	0.75m 水平面	500	22	80
收款台	台面	500	—	80

表 6-8　办公建筑照明标准值

房间或场所	参考平面及其高度	照度标准值 /lx	UGR	Ra
普通办公室	0.75m 水平面	300	19	80
高档办公室	0.75m 水平面	500	19	80
会议室	0.75m 水平面	300	19	80
接待室、前台	0.75m 水平面	300	-	80
营业厅	0.75m 水平面	300	22	80
设计室	实际工作面	500	19	80
文件整理、复印、发行室	0.75m 水平面	300	—	80
资料、档案室	0.75m 水平面	200	—	80

表 6-9　展览馆展厅照明标准值

房间或场所	参考平面及其高度	照度标准值 /lx	UGR	Ra
一般展厅	地面	200	22	80
高档展厅	地面	300	22	80

注：高于 6m 的展厅 Ra 可降低到 60。

表 6-10　公用场所照明标准值

房间或场所	参考平面及其高度	照度标准值 /lx	UGR	Ra
门厅——普通	地面	100	—	60
门厅——高档	地面	200	—	80
走廊、流动区域——普通	地面	50	—	60
走廊、流动区域——高档	地面	100	—	80
楼梯、平台——普通	地面	30	—	60
楼梯、平台——高档	地面	75	—	80
自动扶梯	地面	150	—	60
厕所、盥洗室、浴室——普通	地面	75	—	60
厕所、盥洗室、浴室——高档	地面	150	—	80
电梯前厅——普通	地面	75	—	60

（续）

房间或场所	参考平面及其高度	照度标准值 /lx	UGR	Ra
电梯前厅——高档	地面	150	—	80
休息室	地面	100	22	80
储藏室、仓库	地面	100	—	60
车库——停车间	地面	75	28	60
车库——检修间	地面	200	25	60

6.6　灯具的种类

灯具的种类见表 6-11。

表 6-11　灯具的种类

名称	解释
落地灯具	安装在高支架上，底座放置在地板上的可移式一类灯具
普通灯具	为不具备特殊的防尘与防潮性能的一类灯具
嵌入式灯具	适用于全部或部分地嵌入安装表面的一类灯具
升降式悬挂灯具	通过配有滑轮、平衡器等悬吊装置来调节其高度的悬挂式一类灯具
手提灯	装配有手柄和电源连接线的可移式一类灯具
台灯	放置在家具上的可移式一类灯具
对称灯具	为具有对称光强度分布的一类灯具
泛光灯	较大面积泛光照明用，通常可以照射任一方向的投光灯
防护灯具	为具有特殊防尘、防潮和防水功能的一类灯具
可调式灯具	为通过适当安装可使其主要部件旋转或移动的一类灯具
可移式灯具	为在与电源相连接后，可容易地从一处移到另一处的一类灯具
探照灯	孔径通常大于 0.2m，发出基本平行光束的高强度投光灯
投光灯具	借助反射和／或折射增加限定的立体角内的光强的一类灯具
下射灯具	通常嵌在天花板内的小型聚光的一类灯具
信号灯	设计用于发射光信号的装置
悬挂式灯具	为配有电线、拉链、拉管等，而能将其悬吊在天花板或墙壁支架上的一类灯具
壁灯灯具	一般直接固定在垂直面或水平面上的紧凑型的一类灯具
槽形灯具	长形嵌入式灯具，安装时通常为敞开的并与天花板齐平
灯串	沿电缆线串联或并联连接的成组的一类灯
非对称灯具	为具有非对称光强度分布的一类灯具
格栅灯具	为嵌在天花板内的带有透光格栅或圆罩的一类灯具
隔爆型防爆灯具	为符合带防爆外壳装置的规则，用于存在有爆炸危险场合的一类灯具
广角灯具	为使光在较大立体角内散发的一类灯具
聚光灯	孔径通常小于 0.2m，所发出的聚光束通常其角度不超过 0.3 5rad（20°）误差的投光灯

6.7 灯具数量的计算与布局

灯具数量的计算方法图解如图 6-1 所示。灯具的布局技巧如图 6-2 所示。

平均照度(E_{av})=单个灯具光通量ϕ×灯具数量(N) 空间利用系数(CU) 维护系数(K) ÷地板面积(长 ×宽)

灯具数量=(平均照度E×面积S)/(单个灯具光通量ϕ×利用系数CU×维护系数K)

说明:

单个灯具光通量ϕ——指的是这个灯具内所含光源的裸光源总光通量值。

空间利用系数(CU)——常用灯盘在3m左右高的空间使用,其利用系数CU可取0.6 ~0.745;
悬挂灯铝罩,空间高度6~10m时,其利用系数CU可取在0.45~0.7;
筒灯类灯在3m左右空间使用,其利用系数CU可取0.4 ~0.55;
光带支架类的灯在4m左右的空间使用时,其利用系数CU可取0.3~0.5。

维护系数(K)——一般较清洁的场所,如客厅、卧室、办公室、教室、阅读室、医院、高级品牌专卖店、艺术馆、博物馆等维护系数K取0.8;
一般性的商店、超市、营业厅、影剧院、加工车间、车站等场所维护系数K取0.7;
污染指数较大的场所维护系数K则可取到0.6左右。

图 6-1　灯具数量的计算方法图解

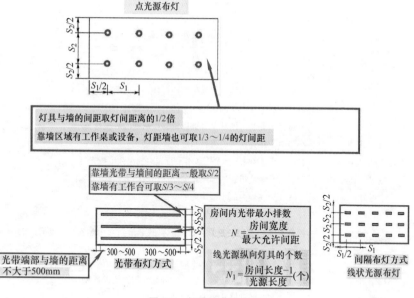

图 6-2　灯具的布局技巧

6.8 灯具回路与灯具开关设置技巧

灯具回路设置技巧如图 6-3 所示,灯具开关设置技巧如图 6-4 所示。

图 6-3　灯具回路设置技巧

图 6-4　灯具开关设置技巧

6.9　店装公装灯具的安装

店装公装灯具的常见安装方式如下：

嵌入式筒灯——常见安装方式为嵌顶安装。

疏散指示灯——常见安装方式为吊管、壁装。

双管荧光灯——常见安装方式为吊管安装。

天棚灯——常见安装方式为吸顶安装。

应急兼照明天棚灯——常见安装方式为吸顶安装。

照明兼应急灯——常见安装方式为吊管安装。

安全出口标志灯——常见安装方式为梁侧安装。

暗藏灯带——常见安装方式为吊顶内连续排列。

电子镇流格栅灯——常见安装方式为嵌入吊顶安装。

豆胆灯——常见安装方式为嵌入吊顶安装。

防水防潮灯——常见安装方式为吸顶安装。

花灯——常见安装方式为顾客接待室吊装。

节能筒灯——常见安装方式为嵌入吊顶安装。

一些灯具适合空间如下：

大吊灯——适合于空间较大的社交场合。壁灯——适合于空间较大的社交场合。吸顶灯——适合于空间较大的社交场合。时髦灯——适合于服装店、精品店等场合。吸顶灯——适合于层高低于 2.8m 的场合。

一般灯具的安装方式图解如图 6-5 所示，固定灯位的安装图解如图 6-6 所示。

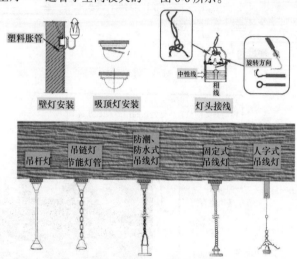

图 6-5　一般灯具的安装方式

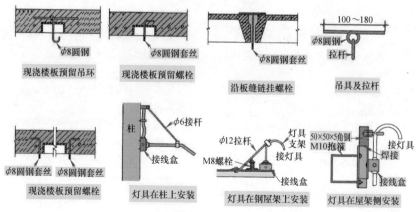

图 6-6　固定灯位的安装图解

固定安装灯具时，螺栓等承载容许拉力要恰当，一些灯具固定承载容许拉力见表6-12。

一些灯具的安装高度如下：大吊灯最小高度一般为2400mm、壁灯高

一般为1500~1800mm、壁式床头灯高一般为1200~1400mm等，其他一些公装灯具高度见表6-13。

表6-12　一些灯具固定承载容许拉力

胀管系列	规格/mm						承装载荷容许拉力（×10N）	承装载荷容许剪力（×10N）
	胀管		螺钉或沉头螺栓		钻孔			
	外径	长度	外径	长度	外径	长度		
沉头式胀管（膨胀螺栓）	10	35	6	按需要选择	10.5	40	240	160
	12	45	8		12.5	50	440	300
	14	55	10		14.5	60	700	470
	18	65	12		19.0	70	1030	690
	20	90	16		23	100	1940	1300
塑料胀管	6	30	3.5	按需要选择	7	35	11	7
	7	40	3.5		8	45	13	8
	8	45	4.0		9	50	15	10
	9	50	4.0		10	55	18	12
	10	60	5.0		11	65	20	14

表6-13　其他一些公装灯具高度

各类光源的最低悬挂高度

光源种类	照明器型式	灯具保护角（°）	光源功率/W	最低悬挂高度/m
白炽灯	有反射罩	10~30	≤60	2.0
			100~150	2.5
			200~300	3.5
	有乳白玻璃漫反射罩		≤100	2.0
			150~200	2.5
			300~50	3.0
卤钨灯	有反射罩	10~30	≤500	6.0
			1000~2000	7.0
荧光灯	有反射罩		≤40	2.0
			>40	3.0
	无反射罩		≥40	2.0
高压汞灯	有反射罩		≤125	4.0
			125~250	5.5
			≥40	6.5
金属卤化物灯	搪瓷反射罩铝抛光反射罩	10~30	250	6.0
			1000	14.0
高压钠灯	搪瓷反射罩铝抛光反射罩	10~30	250	6.0
			400	7.0

6.10 夜景灯的光源与场所选择应用

夜景灯的光源与场所选择应用见表6-14。

表 6-14 夜景灯的光源与场所选择应用

夜景照明常用光源技术指标

灯具类型	色温 /K	额定寿命 /h	光效 /（lm/W）	显色指数（Ra）
高压钠灯	1700~2500	>20000	80~130	23~25
冷阴极荧光灯	2700~1000 彩色	>20000	30~40	>80
发光二极管 （LED）	2700~7000	≥ 30000	80~130	>80
无极荧光灯 （电磁感应灯）	2700~6500	>60000	60~80	75~80
三基色荧光灯	2700~6500	12000~15000	>90	80~96
紧凑型荧光灯	2700~6500	5000~8000	40~65	>80
金属卤化物灯	3000~5600	9000~15000	75~95	65~92

景观照明常用灯具类型及应用场合

灯具类型	应用场合
光纤灯	装饰照明、彩灯、园林、水景、广场等
草坪灯	小路、园林、广场等
庭院灯	路桥、园林、广场、庭院等
太阳能灯	彩灯、路桥、园林、庭院、广场等
荧光灯	内透光照明、装饰照明、路桥、园林、广告、广场等
投光灯	泛光照明、路桥、树木、广告、广场、水景、山石等
埋地灯	泛光照明、步道、树木、广告、山石等
LED灯	内透光照明、装饰照明、彩灯、路桥、广告、广场等

6.11 歌舞厅常见的灯具

歌舞厅常见的灯具见表6-15。

表 6-15 歌舞厅常见的灯具

名称	解　说
蜂巢灯	象蜂巢一样的、各色灯光从蜂巢的洞中射出的一种大型灯具。具有12头、16头、18头、32头等种类
转盘灯	通过转盘的转动使灯光不断变化
频闪灯	通过控制灯某一频率闪动，从而使灯光变化。频闪灯经常结合音乐节奏一起闪动
走珠灯	通过在透明的塑料胶管中布置各色小灯泡，进行逐个闪亮，形成线性流动的灯光效果
霓虹灯	通电霓虹管内的气体不同，形成各种色彩、光线，一般组合使用

6.12 客房灯具要求与布局

客房灯具要求与布局图解如图 6-7 所示。

	灯具	解说
过道灯	筒灯、吸顶灯	
写字台灯	台灯、壁灯	
会客区灯	落地灯、台灯	设在沙发、茶几处，色温以暖色调为宜 一般活动区域不低于75lx,显色指数要大于80
顶灯		通常不设置
卫生间顶灯	吸顶灯、筒灯	防水防潮灯具
卫生间镜前灯	荧光灯槽、筒灯、壁灯	安装在化妆镜上方，防水防潮灯具
床头灯	台灯、壁灯、导轨灯、射灯、筒灯	床头灯可调光，最大照度不低于150lx
梳妆台灯	壁灯、筒灯	灯安装在镜子上方并与梳妆台配套
窗帘盒灯	荧光灯	模仿自然光效果，夜晚从远处看，起到泛光照明的作用
壁柜灯		设在壁柜内，将灯开关(微动限位开关)装设在门上，开门灯亮，关门灯灭
地脚夜灯	电致发光板	安装在床头柜下部或进口小过道墙面底部

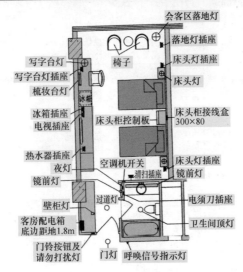

图6-7　客房灯具要求与布局图解

6.13 舞台照明方式与灯具要求

舞台演出内容的照明方式见表 6-16，舞台灯具分类与要求见表 6-17。

表6-16　舞台演出内容的照明方式

名称	解　说
歌舞	以均匀的白色为主，有较少的灯光变化
讲演与会议	音响效果第一，照明次之，以均匀的白色为主
音乐会	以均匀的白色为主，对讲台进行照明
短剧	舞台装置多，照明效果要求高，使用多种照明器具，有较多的灯饰配合演出变化
古典芭蕾	背景较多，部分均匀照明，为了突出立体感，进行多方向照射，有较多的照明变化
歌剧	立体舞台照明，以局部照明为主，要求光亮丰富
现代舞	立体舞台照明，以局部照明为主，明亮变化多，变化迅速

表6-17　舞台灯具分类与要求

分类	场所	照明目的	灯具	灯泡功率/W	使用状态
顶光	舞台前部可升降的吊杆或吊桥上	对天幕、纱幕、会议照明	聚光灯 泛光灯	400 1000	可移动
顶光	舞台前顶部可升降的吊杆或吊桥上	对舞台均匀整体照明	无透镜聚光灯 近程轮廓聚光灯 泛光灯	300 1000	可移动
天排灯	舞台后天幕上部的吊杆上	上空布景照明，表现自然现象	投景幻灯 泛光灯	300 1000	固定
地排光	舞台后部地板槽内	仰射天幕，表现地平线上的自然现象	地排灯 泛光灯	400 1000	固定 可移动
一道面光 二、三道面光	观众厅的顶部	投射舞台前部表演区，投光范围和角度可调节	无透镜聚光灯 轮廓聚光灯 少数采用回炮灯	750 1000	固定
中部聚光灯	观众厅后部	主要投射表演者	远程轮廓聚光灯	750 2000	固定
耳光	安装于大幕外靠近台口两侧的位置	照射表演区，加强舞台布景、道具立体感	无透镜回光灯 轮廓聚光灯 透镜聚光灯	500 1000	固定
脚光	舞台前沿台板处	演出者的辅助照明和大幕下部照明，弥补顶光和侧光的不足	泛光灯	60 200	固定
激光	舞台两侧	呈现文字图像等千变万化的特技效果	激光器		固定
电脑灯光	舞台两侧	任意改变颜色		150 1200	

（续）

分类	场所	照明目的	灯具	灯泡功率/W	使用状态
侧光	舞台两侧天桥上	作为面光的补充，演出者的辅助照明	无透镜回光灯 聚光灯 透镜聚光灯	500 1000	固定 可移动
柱光	舞台大幕内两侧的活动台口或铁架上	投光照明，投光范围和角度可调节，照明表演区的中后部，弥补面光和耳光的不足	近程轮廓聚光灯 中程无透镜回光灯	500 1000	固定 可移动
流动光	舞台口两翼边幕处塔架上	追光照明，投光范围和角度可调节，照明表演区的中后部，弥补面光和耳光的不足	低压追光灯 舞台追光灯	750 1000	固定 可移动
成像灯	观众厅一层后部	表现雨、雪、云等自然现象的照明器具	投景灯	70 1200	固定
紫外光	舞台上空	表现水中景象等	长波紫外线灯	300 500	可移动 固定

6.14　灯头盒的安装

　　灯头盒在预制楼板、空心楼板等场所，安装的要点不同，具体的方法与技巧如图6-8所示。

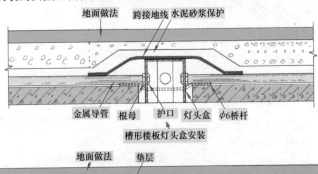

槽形楼板灯头盒安装

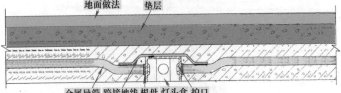

现浇混凝土楼板灯头盒安装

图6-8　灯头盒的安装

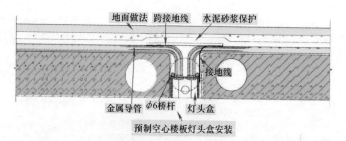

地面做法　跨接地线　水泥砂浆保护

接地线

金属导管　φ6桥杆　灯头盒

预制空心楼板灯头盒安装

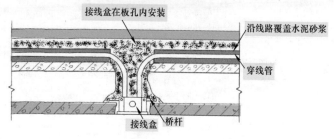

接线盒在板孔内安装

沿线路覆盖水泥砂浆

穿线管

接线盒　桥杆

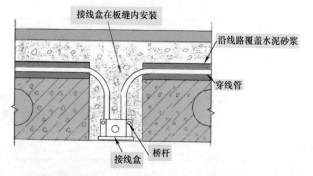

接线盒在板缝内安装

沿线路覆盖水泥砂浆

穿线管

接线盒　桥杆

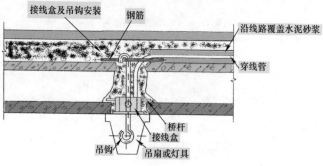

接线盒及吊钩安装　钢筋

沿线路覆盖水泥砂浆

穿线管

桥杆

接线盒

吊钩　吊扇或灯具

图6-8　灯头盒的安装（续）

6.15 照明灯具接线线路

不同的照明灯具与开关，不同的
灯具类型接线线路是有差异的，一些

照明灯具接线线路如图6-9所示。

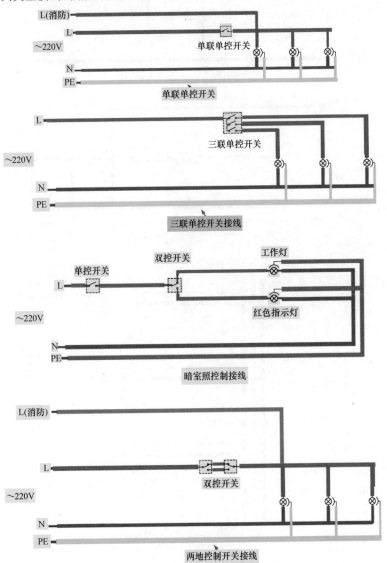

图6-9 一些照明灯具接线线路

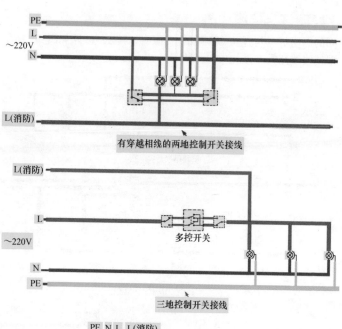

有穿越相线的两地控制开关接线

三地控制开关接线

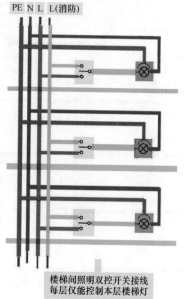

楼梯间照明双控开关接线
每层仅能控制本层楼梯灯

图 6-9　一些照明灯具接线线路（续）

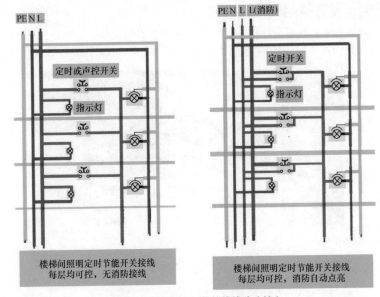

图6-9　一些照明灯具接线线路（续）

一些光源的连接线路原理见表6-18。

表6-18　一些光源的连接线路原理

光源类	电气接线	光源类	电气接线
美标金属卤化物灯（配阻抗式线路）	熔断器　HQ镇流器 ～220V 50Hz 电容 触发器	高压汞灯	熔断器　HQ镇流器 ～220V 50Hz 电容 HQL
高压钠灯（标准，超级，双内管）	熔断器　NG镇流器 ～220V 50Hz PFC电容 B L N	欧标金属卤化物灯	熔断器　NG镇流器 ～220V 50Hz PFC电容 CD-7H B L
12V卤钨灯	L ～220V N 220V 12V 其他变压器	美标金属卤化物灯（配漏磁式线路）	F JLZ……L JLC ～220V 50Hz R
LED灯	主电源供电单元 N OT + 调节器 控制信号(1～10V)		

6.16 实战照明灯具的接线

　　许多店装公装照明灯具是等距多盏安装的，如图 6-10 所示。为此，多盏灯具的安装，可以分为不同的方式安装，具体技巧图解如图 6-11 所示。

灯具安装孔

图 6-10　等距离多盏安装

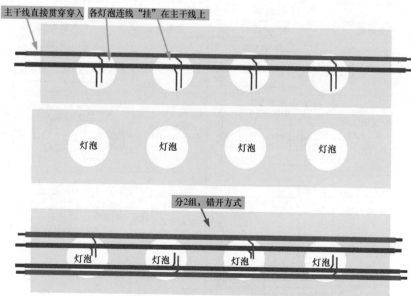

图 6-11　多盏灯具的安装

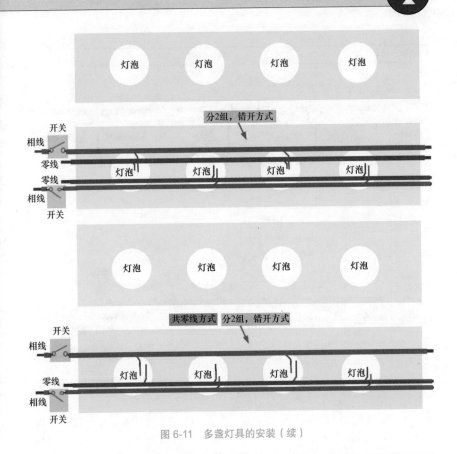

图 6-11　多盏灯具的安装（续）

6.17　钢索上灯具的安装

钢索上灯具的安装细节见表 6-19。

表 6-19　钢索上灯具的安装细节

名称	图　　例
钢索上塑料护套电缆	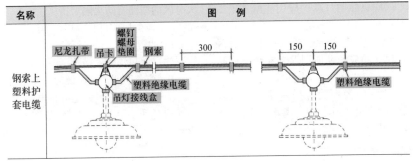

（续）

名称	图　例
钢索上塑料护套电线	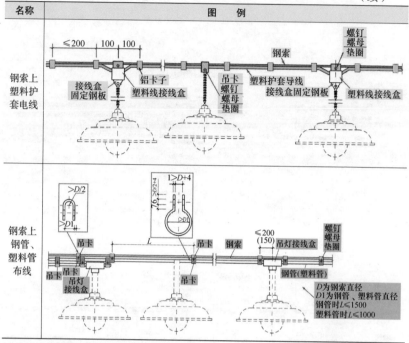
钢索上钢管、塑料管布线	

6.18 应急照明灯具的选择与接线

应急照明灯具的种类多（见图6-12），其选择方法如下：

疏散照明——选择采用荧光灯或白炽灯。

安全照明——选择采用卤钨灯或采用瞬时可靠点燃的荧光灯。

应急照明灯具的应用注意事项如下：

1）应急照明线路在每个防火分区有独立的应急照明回路，穿越不同防火分区的线路有防火隔堵措施。

2）应急照明灯另一路电源可以是柴油发电机组供电、蓄电池柜供电、自带电源型应急灯具。

3）应急照明在正常电源断电后，电源转换时间为：疏散照明≤15s、安全照明≤0.5s、备用照明≤15s（金融商店交易所≤1.5s）。

4）应急照明线路在每个防火分区有独立的应急照明回路，穿越不同防火分区的线路有防火隔堵措施。

5）应急照明灯具、运行中温度大于60℃的灯具，当靠近可燃物时，采取隔热、散热等防火措施。

6）应急照明灯的电源除正常电源外，一般需要另有一路电源供电。

应急照明灯具接线线路如图6-13所示。

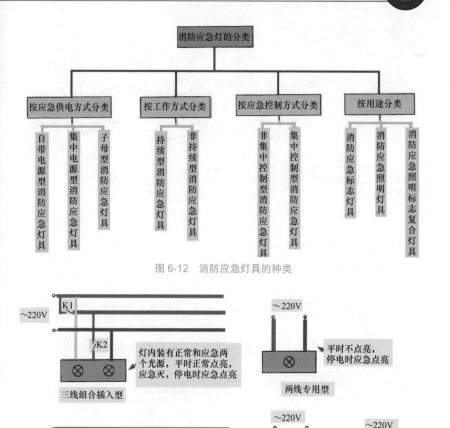

图 6-12　消防应急灯具的种类

图 6-13　应急照明灯具接线线路

6.19　发光疏散指示带的安装

发光疏散指示带的安装细节、技巧如图 6-14 所示。

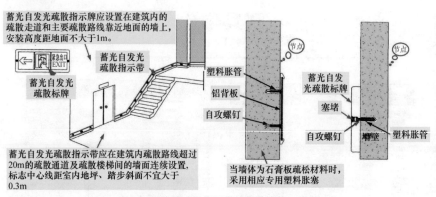

蓄光自发光疏散指示牌应设置在建筑内的疏散走道和主要疏散路线靠近地面的墙上，安装高度距地面不大于1m。

蓄光自发光疏散标牌

蓄光自发光疏散指示带

塑料胀管

铝背板

自攻螺钉

节点

蓄光自发光疏散标牌

塞堵

自攻螺钉 墙壁 塑料胀管

节点

蓄光自发光疏散指示带应在建筑内疏散路线超过20m的疏散通道及疏散楼梯间的墙面连续设置，标志中心线距室内地坪、踏步斜面不宜大于0.3m

当墙体为石膏板疏松材料时，采用相应专用塑料胀塞

图 6-14 发光疏散指示带的安装细节、技巧

6.20 荧光灯的安装

荧光灯有不同的安装方式，安装原理，常见的安装原理图见表 6-20。

表 6-20 常见的安装原理图

分类		电路
荧光灯用辉光启动器的电路	辉光启动单灯电路	
	两灯移相电路	
	三相星形电路	
荧光灯不用辉光启动器的电路	半路谐振电路	
	瞬时启动冷阴极双灯电路	

（续）

分类	电　路
荧光灯不用辉光启动器的电路 · 快速启动单灯电路	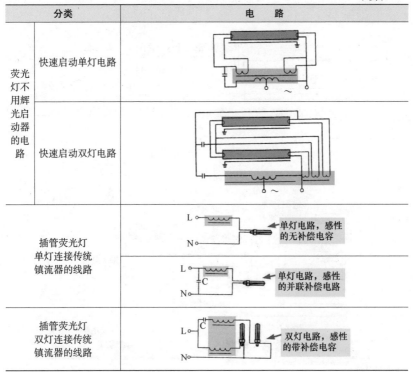
荧光灯不用辉光启动器的电路 · 快速启动双灯电路	
插管荧光灯单灯连接传统镇流器的线路	L 〇 N 〇 ← 单灯电路，感性的无补偿电容
插管荧光灯单灯连接传统镇流器的线路	L 〇 —C— N 〇 ← 单灯电路，感性的并联补偿电路
插管荧光灯双灯连接传统镇流器的线路	L 〇 —C— N 〇 ← 双灯电路，感性的带补偿电容

　　荧光灯基本线路图如图6-15所示，吸顶与墙装技巧如图6-16所示。吸顶荧光灯的安装技巧如下：

　　1）首先根据相关图纸规定的荧光灯位置进行定位。

　　2）然后将荧光灯贴紧建筑物表面，并且注意荧光灯的灯箱需要完全遮盖住灯头盒。

　　3）再对着灯头盒的位置打好进线孔。

　　4）然后将电源线甩入灯箱，在进线孔处应套上塑料软管。

　　5）再找好灯头盒螺孔的位置，在灯箱的底板上用电钻打好孔，用木螺钉拧牢固。

　　6）在灯箱的另一端应使用膨胀螺栓加以固定。

　　7）灯箱固定好后，将电源线压入灯箱内的端子板上。

　　8）再把灯具的反光板固定在灯箱上，并将灯箱调整顺直。

　　9）最后把荧光灯管装好即可。

　　说明：如果荧光灯是安装在吊顶上的，应预先在顶板上打膨胀螺栓，下吊杆与灯箱固定好，且吊杆直径不得小于6mm。不得利用吊顶龙骨固定灯箱。

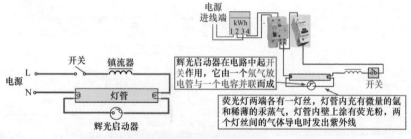

图 6-15　荧光灯基本线路图

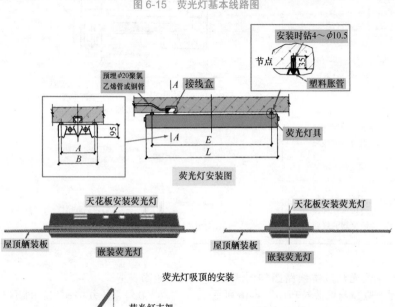

图 6-16　吸顶与墙装技巧

吊链荧光灯的安装技巧如下：

1）首先根据灯具的安装高度，将全部吊链编好。

2）再把吊链挂在灯箱挂钩上，并且在建筑物顶棚上安装好塑料（木）台。

3）将导线依顺序编叉在吊链内，并引入灯箱。

4）再在灯箱的进线孔处套上软塑料管以保护导线。

5）然后压入灯箱内的端子板（瓷接头）内。

6）将灯具导线与灯头盒中甩出的电源线连接，并用粘塑料带和黑胶布分层包扎紧密。

7）理顺接头扣于法兰盘内。

8）法兰盘的中心应与塑料台（或者木台）的中心对正，并且用木螺钉将其拧牢固。

9）将灯具的反光板用机螺钉固定在灯箱上，调整好灯脚。

10）将灯管装好即可。

6.21 LED 射灯

LED 射灯可以用于门店柜台照明、橱窗照明。LED 射灯选择时主要考虑的参数有电源电压（例如 AC 220V、85~250V、AC/DC12~24V）、LED 功率（例如 1W、2W）、功率因数、光通量等。

具体一些安装注意事项如下：

1）如果是已经采购好的 LED 射灯，也要在安装前验收。

2）安装前切断电源，安装完成后再通电，防止触电。

3）射灯需要避免安装在高温环境、腐蚀性气体的场所。

4）水电工在安装 LED 射灯时，首先要考虑选择的 LED 射灯的具体型号。因为，不同的 LED 射灯其电源电压要求不同。一般具有电源电压 AC 220V、85~250V、AC/DC12~24V 等种类，使用不同的电源电压，则决定是否直接安装，还是需要接电源转换器。

5）有的 LED 射灯灯具已包含光源驱动电路。因此，只要根据产品名牌上标明的电源电压要求连接接通电源即可。

6）在安装前确定一下 LED 的功率、功率因数、灯的光通量是否是需要的。

7）有的射灯采用传统光源的标准接口，安装时，各种接口类型的射灯安装在相对应的灯座里即可，不分极性。

8）在给射灯通电前，请先确认供电电压是否是射灯指定的工作电压，高于工作电压范围会造成射灯损坏。

9）小射灯往往需要专用电源。

10）小射灯一般输入为低压直流电，接 LED 电源时要注意区分正负极。

11）一定要先把灯与 LED 电源接好后，才通电，严禁先给 LED 电源供电再用输出线去碰接灯的电线。

12）小射灯电源输出的红黑线端不要随意接 220V 高压，以免烧坏转用电源。

13）大功率射灯是室内灯具，应注意灯具的防水。

14）大功率射灯在工作时，尽量避免用手触摸灯具表面。

15）安装射灯时，不要用力拉灯

具的电线,以免把线拉松脱,造成损坏。

6.22 LED 筒灯

LED 筒灯电源电压有 AC 220V、85~250V、DC12~24V 等类型,LED 功率有 6W、9W 等类型,LED 筒灯光色有冷白色、暖白色等类型。LED 筒灯应用场所有宾馆、饭店、写字楼、办公及娱乐场所、家用照明等。

LED 作为光源,可以配以隔离的 AC-DC 恒流驱动电源。有的 LED 筒灯外形尺寸为外径 ϕ140mm、H80mm,内径 ϕ90mm。

LED 筒灯的安装方法如下:首先将室内顶板上的安装孔,根据所要求的尺寸开好,然后根据电压类型将灯具的电源线接在灯具的接线端子上,直流电源应注意正负极。接线完成,需要检查,并且无误后,将两侧的弹簧卡树立起来,与灯体一起插入安装孔内,然后用力向上顶起。LED 筒灯即可自动卡上。然后接通电源,灯具即可工作。

LED 筒灯电源类型的接线特点如图 6-17 所示。

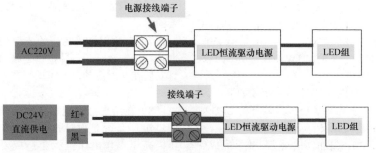

图 6-17 LED 筒灯电源类型的接线特点

6.23 其他一些灯的安装

其他一些灯的安装细节、技巧见表 6-21。

表 6-21 其他一些灯的安装细节、技巧

名称	图 解
电动升降灯的安装	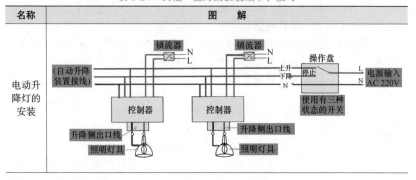

（续）

名称	图解

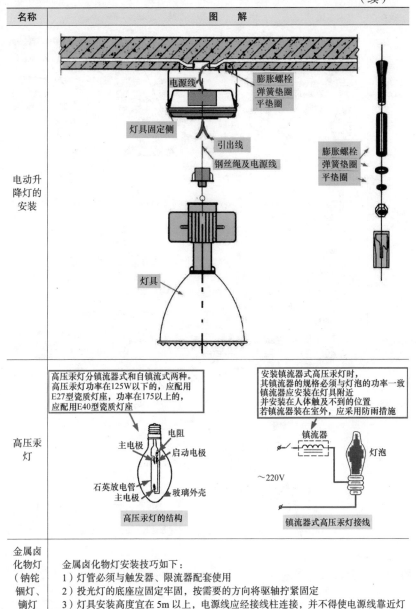

电动升降灯的安装	电源线 膨胀螺栓 弹簧垫圈 平垫圈 灯具固定侧 引出线 钢丝绳及电源线 膨胀螺栓 弹簧垫圈 平垫圈 灯具
高压汞灯	高压汞灯分镇流器式和自镇流式两种。高压汞灯功率在125W以下的，应配用E27型瓷质灯座，功率在175以上的，应配用E40型瓷质灯座 电阻 主电极 启动电极 石英放电管 主电极 玻璃外壳 高压汞灯的结构 安装镇流器式高压汞灯时，其镇流器的规格必须与灯泡的功率一致 镇流器应安装在灯具附近 并安装在人体触及不到的位置 若镇流器装在室外，应采用防雨措施 镇流器 灯泡 ～220V 镇流器式高压汞灯接线
金属卤化物灯（钠铊铟灯、镝灯等）的安装	金属卤化物灯安装技巧如下： 1）灯管必须与触发器、限流器配套使用 2）投光灯的底座应固定牢固，按需要的方向将驱轴拧紧固定 3）灯具安装高度宜在5m以上，电源线应经接线柱连接，并不得使电源线靠近灯具的表面

（续）

名称	图　解
防爆灯具的安装	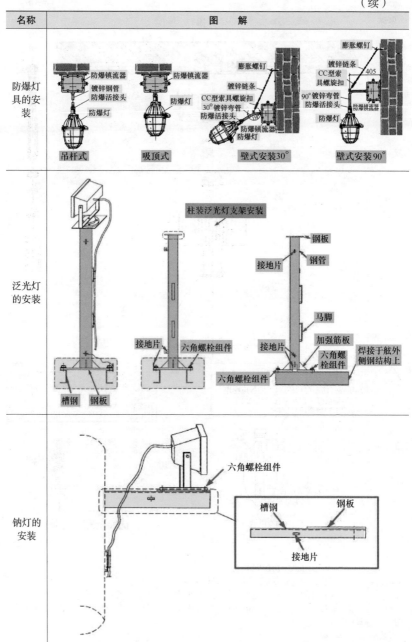
泛光灯的安装	
钠灯的安装	

（续）

名称	图　解
半圆灯吸顶的安装	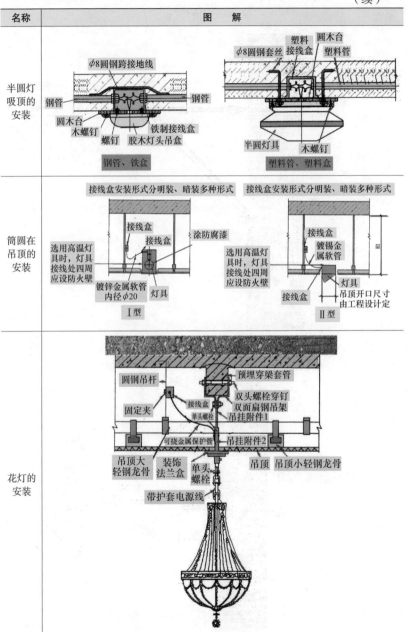
简圆在吊顶的安装	
花灯的安装	

（续）

名称	图　解
支臂灯的安装	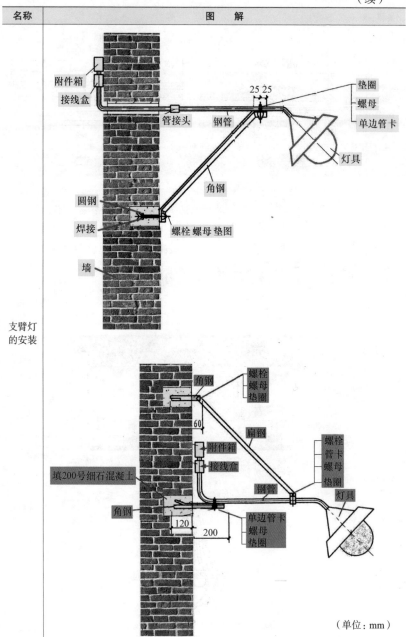

（单位：mm）

（续）

名称	图　解
投光灯的安装	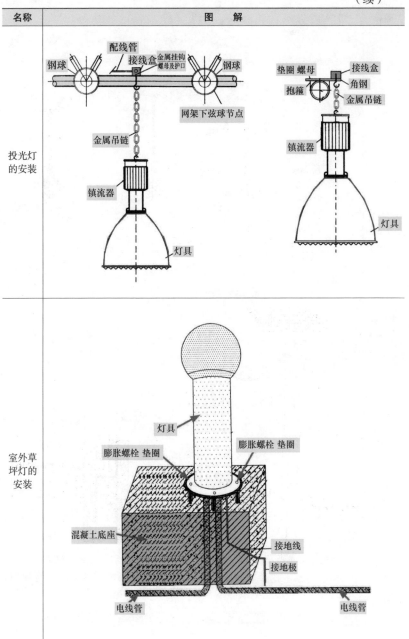
室外草坪灯的安装	

（续）

名称	图　解
室外庭院灯的安装	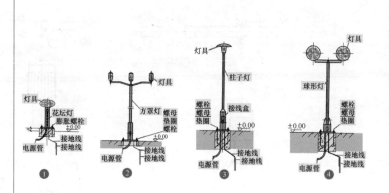 室外庭院灯包括柱子灯、盆圆灯、球形灯、方罩灯、花坛灯等 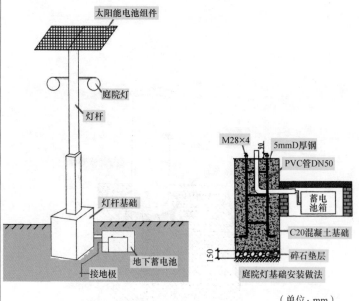（单位：mm）

（续）

名称	图　解
室外路灯的安装	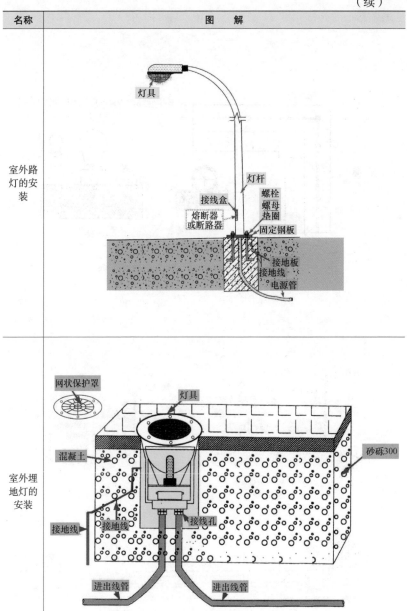
室外埋地灯的安装	

（续）

名称	图解

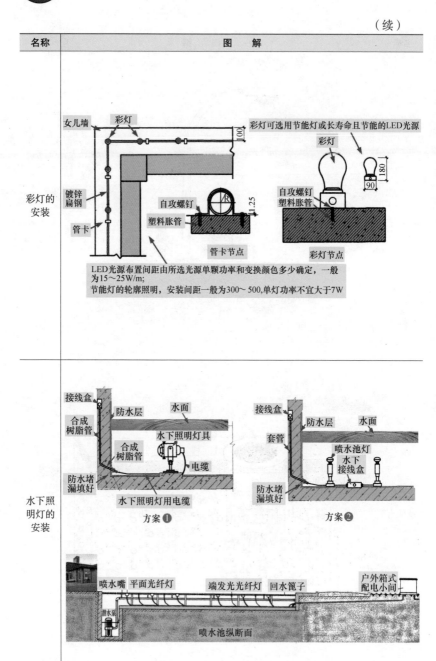

彩灯的安装

女儿墙
彩灯
镀锌扁钢
管卡
自攻螺钉
塑料胀管
管卡节点

彩灯可选用节能灯或长寿命且节能的LED光源
彩灯
自攻螺钉
塑料胀管
彩灯节点

LED光源布置间距由所选光源单颗功率和变换颜色多少确定，一般为15～25W/m；
节能灯的轮廓照明，安装间距一般为300～500,单灯功率不宜大于7W

水下照明灯的安装

接线盒
合成树脂管
合成树脂管
防水堵漏填好
防水层
水面
水下照明灯具
电缆
水下照明灯用电缆
方案❶

接线盒
套管
防水堵漏填好
防水层
水面
喷水池灯
水下接线盒
方案❷

喷水嘴 平面光纤灯
潜水泵
端发光光纤灯 回水篦子
户外箱式配电小间
喷水池纵断面

（续）

名称	图　解
黑板灯的安装	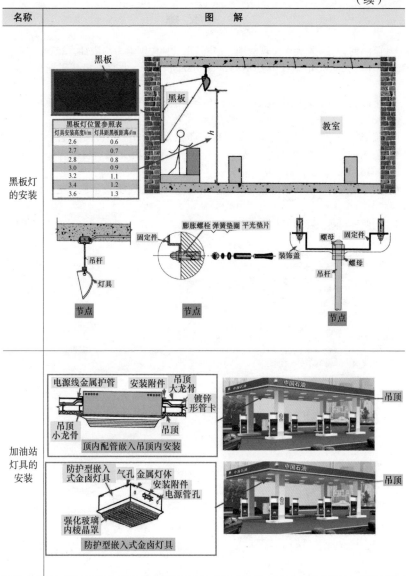
加油站灯具的安装	

参 考 文 献

[1] 阳鸿钧，等. 家装电工现场通 [M]. 北京：中国电力出版社，2014.
[2] 阳鸿钧，等. 电动工具使用与维修 960 问 [M]. 北京：机械工业出版社，2013.
[3] 阳鸿钧，等. 装修水电工看图学招全能通 [M]. 北京：机械工业出版社，2014.
[4] 阳鸿钧，等. 水电工技能全程图解 [M]. 北京：中国电力出版社，2014.
[5] 阳鸿钧，等. 家装水电工技能速成一点通 [M]. 北京：机械工业出版社，2016.
[6] 阳鸿钧，等. 装修水电技能速通速用很简单 [M]. 北京：机械工业出版社，2016.
[7] 阳鸿钧，等. 装饰装修水电工 1000 个怎么办 [M]. 北京：中国电力出版社，2011.